向AI贏家學習！

ディープラーニング活用の教科書〔実践編〕

日本26家頂尖企業
最強「深度學習」活用術，

人工智慧創新專案
致勝的關鍵思維

日經xTREND——編

葉韋利——譯

[redacted]

前言

深度學習從過去的研究階段到實際運用於社會，現在更進一步進展到商業層面的活用。基於這樣的認知，我們舉辦了「深度學習商業運用大獎」，目的是表揚能夠對產業、社會帶來類似創造新事業等影響的企業專案。日本深度學習協會協助創設和擇選，日經xTrend和日經xTECH共同執行。

事實上，我們收到很多內容紮實的候選專案。最後得獎作品全部收錄於本書，希望讀者能依序閱讀。首獎是Kewpie的專案「AI食品原料檢查設備」。有效因應異物混入的狀態等，針對食品製造生產線要求高水準的食品安全安心。在食品的原料選別作業上，目前仍仰賴人力。因此，更換為搭載深度學習擅長的影像辨識技術偵測設備後，檢查的準確率已達與人工無異的程度。

榮獲首獎的企業展現的志向，正如本書希望傳達的精神。以深度學習來取代熟練作業員的業務的確能提高效率，但Kewpie的業務開發負責人決定運用深度學習技術時，秉持著截然不同的觀點。

「這些年來機電設備業的凋零有目共睹，我們所處的食品業不免步上同樣的命運，接下來必須納入中小企業的技術實力，以整個日本的規模來考量才行。而運用深度學習的技術，剛好可以當作引爆的契機。」過去為日立製作所技術人員的這位負責人表示。

其他獲獎的公司包括樂天、AnyTech（東京文京區）、荏原環境設備（東京大田區）、Unifa（名古屋市）、ＰＬＵＧ（東京千代田區）等五家公司。本書收錄了這些公司開發的專案詳細內容。

本書將活用深度學習的影響分為四類。第二章是「改變產品開發流程和產業結構」，介紹藉由活用深度學習改變產品開發或行銷方式，或正準備要改變的案例，統整出流通領域中讓眾人預期改變製造商、批發、零售等「勢力平衡」的做法。

第三章是「因應消費者的需求」，介紹想要找到附近便宜的加油站時，如何因應這樣的需求。第四章是「改革勞動方式」，介紹藉由深度學習代替人工作業後，推動附加價值更高的勞動型態實際案例。第五章是「偵測錯誤和異常，解決社會課題」，介紹運用攝影機和深度學習技術檢測道路維修的先進案例。另一方面，希望藉此了解接下來備受矚目的最新深度學習技術。最後，第六章以「了解尖端技術的動向」為本書作結。

接下來就進入第一章，本章以日本深度學習協會理事長暨東京大學研究所工學系研究科松尾豐教授的專訪為主。

目次

向AI贏家學習！

第一章

以深度學習來提高附加價值 應該這樣獲利

——專訪日本深度學習協會理事長松尾豐

日經ＢＰ舉辦的「深度學習商業運用大獎」最終審查結束後，日本深度學習協會理事長暨東京大學研究所工學系研究科松尾豐教授有一番發人深省的談話。

「實際上出現了很多順利結合銷量與獲利的案例，我認為很好，也值得參考。但我想，其實現階段深度學習在商業上的運用才剛起步而已。」

僅減少人事費用還不夠，必須創造新的價值

探討深度學習在商業上的運用時，松尾教授關注的重點在於是否局限在減少人事費用。他認為關鍵是進軍新市場和延長機械壽命，也就是說，判斷深度學習運用程度的指標和要素，應該是能否創造出上述附加價值。

深度學習的確很適合用於影像辨識等作業，並且具備強大潛力，讓過去仰賴人工的作業得以自動化。許多業務和服務已有實際相關案例。

自家產品在超市等店鋪是否陳列在醒目的位置等，這類作業相對單純。其他以人工目測判斷精密儀器產品表面是否受損之類的問題，則是過去需要熟練作業員或資深員工進行的業務。如果能藉由深度學習來取代或支援，就能省下很多作業步驟。

僅是這樣就能讓因應的人事費用削減達到最大成效。當然，推動這些做法的企業不少仍停留在單純節省成本的階段。但松尾教授認為，更應該關注的焦點為是否因此創造了新的附加價值。

要帶來改變產業結構的衝擊

本書中介紹的ＮＴＴ ＤＯＣＯＭＯ案例，運用深度學習技術掌握店內貨架上有哪些產品和擺放的位置，藉以取代過去仰賴人工的作業。此外，更進一步將來店顧客屬性資料與ＰＯＳ（point of sales，銷售點管理系統）數據結合，藉此預測需求，並提出貨架配置建議。未來誰能掌握這些資訊，或許就有改變零售端、批發端、生產端三者「勢力平衡」的影響力。

另一方面，荏原環境設備（東京大田區）針對垃圾焚化爐穩定燃燒而進行的垃圾均質化攪拌作業，也運用了深度學習技術。長期以來，操作人員不足的問題動搖著這個靜脈產業（即資源再生利用產業）的存廢基礎，這項技術有助於解決課題。與此同時，相較於以往單純的自動攪拌更能減少有害物質，有效減輕環境的負擔。

做好心理準備，費時二十年才能建立大型商業規模

話說回來，「其實不應該以短期的角度來看深度學習。在深度學習的運用上，究竟什麼是正確答案尚未可知，必須以相當長遠的眼光來觀察。」松尾教授表示。

仔細想想，在數位化的社會中，要收集大量資料變得容易，正代表著進入運用深度學習的階段。現今從店鋪到戶外，到處都設置了攝影機，能夠取得的影像越來越多。將電子訊號轉換為物理性運動的致動器（actuator）進化，機器人將更為普及。這類硬體的滲透普及，此刻正方興未艾。因此之故，深度學習的滲透普及，甚至運用方法，也不斷改變。

與一九九八年的網路發展如出一轍

「就深度學習領域而言，此刻差不多就像一九九八年的網際網路吧。從技術普及進展到大規模商業用途，需要二十年的時間。因此，我才會說需要用長遠的眼光來看待。」

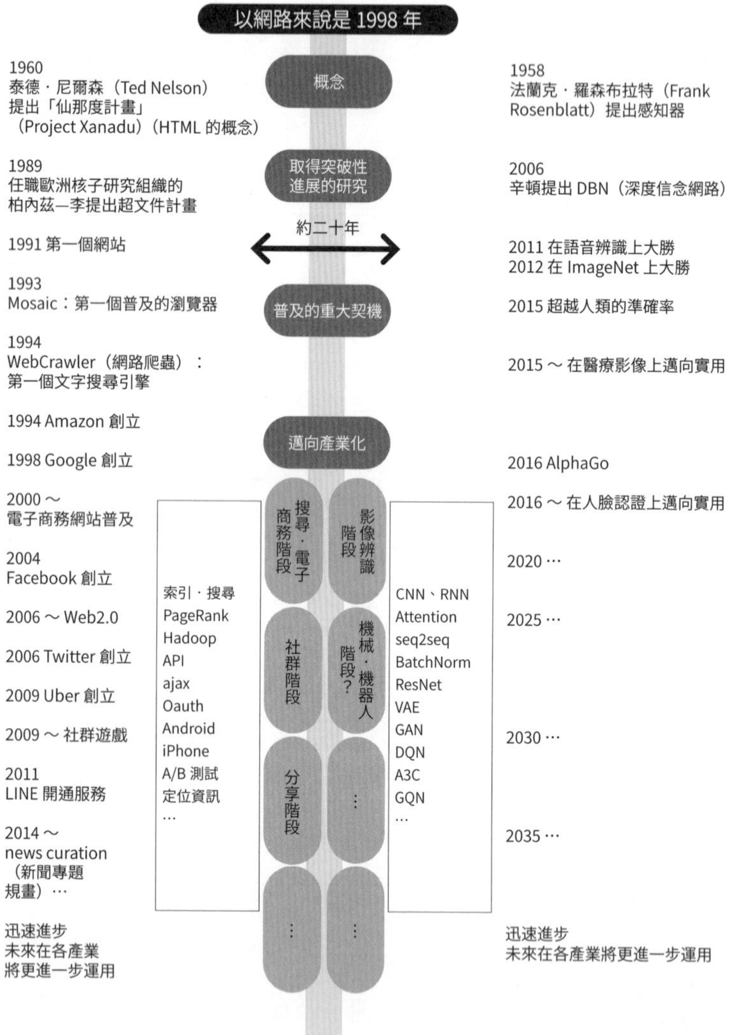
以網路來說是 1998 年
概念
取得突破性進展的研究
約二十年
普及的重大契機
邁向產業化
搜尋·電子商務階段
社群階段
分享階段
⋮
影像辨識階段
機械·機器人階段？
⋮
⋮
1960
泰德·尼爾森（Ted Nelson）
提出「仙那度計畫」
（Project Xanadu）（HTML 的概念）
1989
任職歐洲核子研究組織的
柏內茲—李提出超文件計畫
1991 第一個網站
1993
Mosaic：第一個普及的瀏覽器
1994
WebCrawler（網路爬蟲）：
第一個文字搜尋引擎
1994 Amazon 創立
1998 Google 創立
2000 ～
電子商務網站普及
2004
Facebook 創立
2006 ～ Web2.0
2006 Twitter 創立
2009 Uber 創立
2009 ～ 社群遊戲
2011
LINE 開通服務
2014 ～
news curation
（新聞專題
規畫）⋯
迅速進步
未來在各產業
將更進一步運用
索引·搜尋
PageRank
Hadoop
API
ajax
Oauth
Android
iPhone
A/B 測試
定位資訊
⋯
CNN、RNN
Attention
seq2seq
BatchNorm
ResNet
VAE
GAN
DQN
A3C
GQN
⋯
1958
法蘭克·羅森布拉特（Frank
Rosenblatt）提出感知器
2006
辛頓提出 DBN（深度信念網路）
2011 在語音辨識上大勝
2012 在 ImageNet 上大勝
2015 超越人類的準確率
2015 ～ 在醫療影像上邁向實用
2016 AlphaGo
2016 ～ 在人臉認證上邁向實用
2020 ⋯
2025 ⋯
2030 ⋯
2035 ⋯
迅速進步
未來在各產業將更進一步運用

（引自松尾豐的資料）

歐洲核子研究組織（CERN）的提姆・柏內茲—李（Tim Berners-Lee）在一九八九年提出的超文件（hypertext）計畫，被視為讓網際網路變得普及的開創性研究。十七年後的二〇〇六年，深度學習技術有了突破。這一年，加拿大多倫多大學教授傑佛瑞・辛頓（Geoffrey E. Hinton）發表了一篇類神經網路領域的劃時代論文〈深度信念網路的一種快速學習演算法〉（A fast learning algorithm for deep belief nets），這篇論文被認為是深度學習取得突破性進展的關鍵。

Mosaic 與 SuperVision

至於普及的重大契機，以網際網路來說，一九九三年開發了前所未見的嶄新網路瀏覽器「NCSA Mosaic」。而二〇一二年，深度學習領域至少發生兩起劃時代的重大事件。

首先，辛頓教授的團隊在視覺辨識競賽「ILSVRC」（ImageNet Large Scale Visual Recognition Challenge，ImageNet 大規模視覺辨識挑戰賽）中以使用類神經網路的「AlexNet」一舉降低了誤差率。同年，Google 打造的類神經網路學習影音網站

深度學習技術年表

2006.7	實現 DBN 揭開深度學習序幕 辛頓等人
2006.7	實現深度玻爾茲曼機（deep Boltzmann machine） 辛頓等人
2009.6	ImageNet 資料集 史丹佛大學的李飛飛（Fei-Fei Li）等人
2010.6	運用於受限玻爾茲曼機（restricted Boltzmann machine） 辛頓等人
2012.4	運用於語音辨識並提高準確率 辛頓等人
2012.7	丟棄法（dropout） 辛頓等人
2012.12	在 AlexNet 上大幅提高影像辨識準確率 辛頓等人
2012.12	Google 貓臉論文 史丹佛大學的吳恩達（Andrew Ng）等人
2013.1	提出 Word2vec Google 的托馬斯・米科洛夫（Tomáš Mikolov）等人
2013.11	R-CNN 加州大學柏克萊分校的羅斯・格爾希克（Ross Girshick）等人
2013.12	針對雅達利（Atari）電腦遊戲的深度強化學習（DQN） DeepMind
2013.12	提出 VAE 迪德瑞克・金瑪（Diederik P. Kingma）等人
2014.5	發布 Microsoft COCO 資料集
2014.6	Caffe 框架 加州大學柏克萊分校

2014.6	DeepFace 多倫多大學的雅尼夫・泰格曼（Yaniv Taigman）等人
2014.6	GAN 伊恩・古德費洛（Ian Goodfellow）、約書亞・班吉歐（Yoshua Bengio）等人
2014.9	NMT 班吉歐等人
2014.9	seq2seq Google 的伊爾亞・蘇茨克維（Ilya Sutskever）等人
2014.9	GoogLeNet：22 層的 CNN
2014.9	VGG：16 層至 19 層的 CNN
2014.10	提出 GloVe 史丹佛大學的克里斯多福・曼寧（Christopher Manning）等人
2014.10	記憶網路（memory network） Facebook 的傑森・威斯頓（Jason Weston）等人
2014.10	NTM DeepMind 的艾力克斯・葛拉夫斯（Alex Graves）等人
2014.11	FCN 分割
2014.11	Show and Tell 影像標題（image caption）生成 Google 的奧瑞歐・維亞斯（Oriol Vinyals）等人
2014.12	提出 Adam 金瑪等人
2015.2	BatchNorm Google 的塞吉・約菲（Sergey Ioffe）等人
2015.6	物體偵測 Faster R-CNN 微軟的何愷明（Kaiming He）等人
2015.6	NCM Google 的維亞斯等人

2015.6	YOLO（You Only Look Once） 華盛頓大學的約瑟夫・雷德蒙（Joseph Redmon）等人
2015.7	DeepDream Google 的亞歷山大・莫德溫契夫（Alexander Mordvintsev）
2015.9	NST 圖賓根大學的里昂・加提斯（Leon A. Gatys）等人
2015.9	深度強化學習手法 DDPG DeepMind 的提摩西・利里卡普（Timothy P. Lillicrap）等人
2015.11	發布 TensorFlow
2015.11	DCGAN Facebook 的蘇米斯・欽塔拉（Soumith Chintala）等人
2015.12	ResNet 微軟亞洲研究院的何愷明等人
2015.12	物體偵測 SSD 北卡羅萊納大學
2015.12	語音合成 Deep Speech2 百度
2016.1	圍棋程式 AlphaGo DeepMind
2016.2	深度強化學習手法 A3C DeepMind 的佛拉迪米爾・明尼（Volodymyr Mnih）等人
2016.2	Inception-v4 克里斯汀・塞格德（Christian Szegedy）等人
2016.6	語義分割 DeepLab Google 的 Liang-Chieh Chen 等人
2016.8	DenseNet 康乃爾大學的黃高（Gao Huang）等人
2016.9	Google 翻譯系統 GNMT

2016.11	OpenPose 卡內基美隆大學的曹哲（Zhe Cao）等人
2016.11	Image-to-Image 翻譯（pix2pix） 加州大學柏克萊分校的菲利普・伊索拉（Phillip Isola）等人
2016.12	物體偵測 YOLO9000 華盛頓大學
2017.1	Wasserstein GAN 里昂・波圖（Léon Bottou）等人
2017.1	Keras 支援 TensorFlow
2017.3	CycleGAN 加州大學柏克萊分校的朱俊彥（Jun-Yan Zhu）等人
2017.10	AlphaGo Zero DeepMind 的大衛・席佛（David Silver）等人
2017.12	AlphaZero DeepMind 的席佛等人
2017.12	CapsNet 辛頓等人
2018.2	混淆梯度（obfuscated gradients）
2018.2	多層詞向量（word embedding）的 ELMO 馬修・彼得斯（Matthew Peters）
2018.6	GQN DeepMind
2018.10	多層 transformer 的 BERT Google 的雅各・德福林（Jacob Devlin）等人

松尾教授根據論文引用數和新聞等媒體評論製表。以在 arxiv 發表的日期而非論文發表時間為優先。

YouTube的影片後自動辨識出貓。

接著是產業化。一九九四年，亞馬遜（Amazon）誕生；一九九八年，Google創立。如果以二〇一五年深度學習技術實際運用於醫療領域的影像辨識時期來對照亞馬遜的誕生，那麼網際網路領域的一九九八年就相當於現階段的深度學習。不消說，促成普及的重大關鍵技術或服務，二十年後仍是創造最大利益的一環。網際網路的歷史說明了一切。

前面提到的Mosaic，開發者馬克・安德森（Marc Andreessen）創立了Mosaic通訊（後來的網景通訊〔Netscape Communications〕），風靡一時。網際網路一開始重視的是入口網站，由於人群會聚集於此，該如何刊登廣告吸引人群成了矚目的焦點。將一開始的人工上稿作業改為自動化，有效節省的只有這一項作業的人事成本。

對電晶體而言的收音機，相當於深度學習的……

儘管如此，關鍵字廣告創造了完全不同的價值。針對每一位使用者，每一個搜尋的關鍵字，都會出現不同的廣告。將過去人工無法應付的作業，以搜尋這個功能為中心達到自動化的目標。在點擊率提高的情況下，比過去的廣告更有效，創造更高的價值。這就是自動化技術轉變為實質價值的一刻。

嶄新的科技遇到能夠好好運用的優秀應用程式時，便能一舉展現價值。就像引擎應用程式之於汽車、電晶體用在收音機上，換成網路的話就是搜尋技術和電子商務（EC）。

那麼，對深度學習來說是……，松尾教授面對這個問題給了個模糊的回答：「這很難講，現在還看不出來。」但隨即又說：「我想（亞馬遜創辦人）傑佛瑞・貝佐斯（Jeffrey Bezos）在一九九〇年代前半就知道了吧，藉由資訊連結（在將來）會有一番作為。」而根據《富比士》雜誌統計，貝佐斯的資產已連續兩年高居世界首位。

二〇二〇年人工智慧泡沫崩盤？

二〇〇一年，「網路概念股」在日本市場開始泡沫化。松尾教授表示，人工智慧概念股也出現泡沫化的徵兆。現在，只要掛上深度學習或人工智慧的相關產業都會冠上高價。根據財經理論，「股價代表的是企業未來現金流在此刻的價值」。然而，現在就連一些看不到未來發展的股票，也毫無根據地攀上高價。松尾教授認為，這些最終無法創造現金流營收和利潤的公司，二〇二〇年進入調整階段也不意外。

對人工智慧投入的心力，與孫正義的共同點

即使股市出現短期性的調整，但松尾教授表示，「無論投資或商業，最重要的是符合大環境。」在這個原則下，之後做些什麼多少都會順利。

換句話說，只要將商業主軸立足於人工智慧或深度學習領域，就算其間或有高低起伏，這些上上下下多半仍能控制在誤差範圍內。

人工智慧描繪出的成長軌跡也與網際網路類似。這種趨勢恰與軟體銀行集團會長暨社長孫正義的談話不謀而合。

「這讓我情緒沸騰得好像頭髮都要再長出來了！」在二〇一九年三月的當季合併報表會議上，孫正義的這句「名言」令人印象深刻。當時公布了籌備創立第二號軟銀願景基金（SVF）。

「過去二十五年間，汽車產業的市值總額共計達到十倍，整體工業則有二十三

倍。另一方面，網路產業的市值總額合計達到千倍。因此，全球市值總額前十名的公司當中有七間是網路公司。」

孫正義繼續說。「網際網路因為廣告和零售（電子商務）而掀起革命。那麼，人工智慧將會讓哪一個產業煥然一新呢？」人工智慧正是願景基金的投資題材。

無論投資或商業，最重要的是符合大環境。這和日本雅虎策略長（CSO）安宅和人在日經BP主辦活動上的發言非常相似。

「過去我們調查過企業成長的主要原因。是因為優秀的經營者呢？或是有傑出的策略？還是具備了無可動搖的實力？或者在於前景可期的市場？後來發現，超過七成的原因是由市場來決定。」

逆勢無法成長。上述三人的共同點就是將軸心放在人工智慧上，看出未來將會出現的創新。順帶一提，松尾教授也是軟銀集團的外部董事。有記者表示，「有時候孫會長的發言內容和松尾教授非常類似。」對此，松尾教授解釋，「這些都是各自獨立的言論。只不過考量諸多因素，自然而然就會得到這樣的結論。」

將需求端與供給端分開考量

那麼，運用深度學習來「獲利」的靈感又該到哪裡找呢？以深度學習的適用對象來說，松尾教授建議「將需求端與供給端分開考量」。

需求端就是接近消費者的範圍。「把使用者當成王公貴族般伺候。」松尾教授表示。只要能提供充分因應使用者任性要求的服務，使用者就少不了這項服務。

在感到有困擾的時機、地點、時間接受服務。比方說，現在人在這裡想要搭車。Uber（優步）便推出共乘分享服務來因應。此外，「肚子餓」的需求又觸發了其他商業模式。

介面的法則似乎也越來越貼近使用者。過去的電腦成了智慧型手機，未來還可能出現 Google 推出的眼鏡型穿戴裝置「Google 眼鏡」之類的型態，或許甚至接近隱形眼鏡的形式。

住家、辦公室、醫院等「依賴場所」的考量

話說回來，目前使用者周遭呈現GAFA各大集團幾近寡占的狀態，也就是Google、Amazon、Facebook、Apple。

只要發現使用者的任何端倪（以此為出發點），就會出現商機。那麼，該如何掌握這些使用者的需求呢？松尾教授認為，「會變得依賴特定場所吧。」既然很難比智慧型手機更貼近使用者，就依賴如家庭、辦公室、醫院等地點，「嗅出使用者的需求」（松尾）。

對供給端的要求是提高效率

接下來談談供給端。一旦出現商機，隨之的重點就在於能夠多有效地因應。人工不需要再從頭到尾介入供應鏈。例如，有人肚子餓了，可以點用外送鍋貼。而製作鍋貼的是烹調機器人，生意興隆時下單系統會自動因應。原料減少即自動訂購高麗菜，農家可立刻收到訂單。

在這些過程中，可以訂出運用深度學習技術，不需仰賴人工的流程。舉例來說，致力於水質判定人工智慧技術的AnyTech（東京文京區），運用以深度學習辨識流體狀態的技術，持續評估、開發在連鎖外食店家自動製作料理的機器人。

話說回來，一旦供應鏈持續自動化，很難在中間創造出價值。認真鑽研起來，是否掌握好地段的土地，這些或許都是是否處於競爭優勢的重要因素。

深度學習也有微笑曲線？

只要能貼近需求端與供給端的兩極，僅這樣就能提高附加價值。松尾教授解釋，就某個角度來說，「應該以微笑曲線的思考模式來掌握概念。」

一九九〇年代後半至二〇〇〇年代初分析日本電機製造商逐漸明顯凋零的重要因素時，經常使用微笑曲線。當思考家電產品的價值鏈，提高利潤的是上游工程的電子零件或半導體，以及下游工程的維修和服務，中間的組裝工程則未產生附加價值。

以深度學習的應用領域來說，若能非常貼近使用者或非常貼近場所和土地，從這個觀點來看，就能找到有潛力的適用範圍。但松尾教授補充，「有時候一開始就進攻兩端也未必保證順利。」

此外，針對企業的運用對象，松尾教授舉出具體有潛力的領域是人事相關部門。近來越來越多新進人員聘用或人事考核運用人工智慧。「接近人類本能和欲望的領域也有高度需求。人都強烈希望獲得周遭的認同。如果能運用在公司內的考核，將可針對人事做更仔細的評估，也可能創造出新的附加價值。」（松尾）

未來靠人工智慧賺錢的不是軟體部門

最近松尾教授經常引用的資料包括「人工智慧轉型指南」（AI Transformation Playbook），這是有人工智慧權威之稱的吳恩達所歸納的企業運用人工智慧的幾項重點。其中提到，人工智慧在接下來十年將帶來一千三百兆日圓GDP（國內生產毛額）的成長，而增加的多半是（GAFA等的）軟體部門以外的領域。

的確，能夠運用深度學習擴大附加價值的是在製造等原本就擁有強項的領域，以這個基礎搭配深度學習的手法，據說會進而增加優勢。一般讓人感覺傳統跟不上時代的製造業，藉由運用深度學習，或許可以擴大發展。

除此之外，還有幾項重點：實施試驗性專案，一鼓作氣；打造公司內部的人工智慧團隊；提供人工智慧相關訓練；擬定人工智慧策略；建立公司內外的溝通。

接下來，從下一章開始，將具體介紹各企業在第一線實際運用深度學習的情況。

第二章

改變產品開發流程和產業結構

Kewpie

以影像辨識檢查食品原料中的異物，維護食安的設備也銷售給其他同業

為了確保食品安全，Kewpie 致力於「AI原料檢查」。以低價格卻達到高準確率的原料檢查作業，來維持日本食品品牌的價值。開發成功的檢測設備不僅自家公司使用，也對外銷售給日本國內其他食品廠商。「過去曾親眼目睹電機廠商的凋零，難保日本的食品業不會走上相同的路。」這是開發者抱持的危機意識。為了全日本共同成長，希望將人工智慧原料檢測設備打造成適合一般食品加工的平台。

Kewpie 提供多樣化的食品，從美乃滋、沙拉醬到嬰兒副食品、看護食品等，儼然成為日本食品代表品牌之一。該公司在檢測食品原料是否摻雜不良品的設備中採取深度學習技術，開發出能以低成本精準檢測的「AI原料檢查」設備。

促進協作領域技術整合，守護日本品牌

Kewpie 的生產本部‧生產技術部‧未來技術推進負責人‧擔當部長荻野武，堅定說明ＡＩ原料檢查設備開發最終想達成的目標。

「日本有很多產業，像是電子機械之類，在這二十多年來已經失去了競爭力。至於食品業，由於目前大眾對日本食品仍有高度信任，普遍認為安全、安心，還不至於很快被以中國為代表的其他國家超越。不過，技術上一下子就會被趕上。五年後，一旦中國等地的工廠全面機械化之後，就能保障食品安全。在食品科技領域，日本該如何與其他國家抗衡呢？為此，就連食品也必須在提供低價商品的同時，打出日本品牌致勝才行。此外，必須由日本食品業界全體來守護包括原料在內的食品安全。」

荻野過去曾是日立製作所的技術人員，親身經歷過電機業的凋零，才會因此產生危機意識。

要保障食品安全，嚴格管理生產流程自然不在話下，同時需要確保原料安全。因為實際上不容易做到，更能成為國際競爭力的助力。

「只有好的原料才能生產出好的商品。」Kewpie 創辦人中島董一郎的理念傳承

至今，公司對於確保食品安全所付出的諸多勞力和成本，備感驕傲。另一方面，日本其他廠商同樣付出勞力和成本。考量應盡量節省重複勞力和成本，加以整合，Kewpie提出了如下的想法。

「如果未來各公司體認到AI原料檢查設備的必要性，並各自著手獨立開發，情況會如何呢？假設這項工程需要五名人工智慧技術人員，全日本大約五萬間食品公司全部採用的話，就需要多達二十五萬名人工智慧技術人員。怎麼能做這麼浪費社會資源的事呢？必須分清楚競爭領域與協作領域，要是不彼此分享協作領域，在這個人口逐漸減少的年代將無法延續日本品牌的價值。」荻野表示。站在這個宏觀的角度，AI原料檢查設備的對外銷售也成了是否能成功區分競爭與協作的試金石。

學習良品的原料排除不良品的逆轉思維

Kewpie開發驗證後在自家公司進一步實用化，然後推動銷售給其他公司的AI原料檢查設備，自二〇一七年起針對嬰兒食品原料小馬鈴薯塊的選別作業持續測試。小馬鈴薯塊是將馬鈴薯切割成類似骰子的小方塊，既然是農產品，難免會出現品質或外

過去 → 現在

判斷不良品

AI 判斷良品

登錄多種不良類型
（不良類型過多導致作業困難）

AI 學習良品
（良品以外都是 NG）

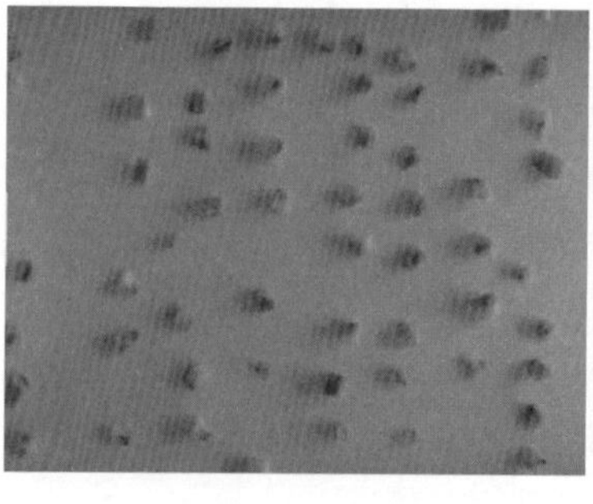

在原料檢查設備上運用人工智慧（良品檢查）

以攝影機拍攝良品 60 ～ 90 分鐘，在雲端高速學習

型不符標準的不良品。以往選別良品與不良品的作業都是靠人工目測判斷。「這是為了確保食品安全必要的作業，但用人工來選別真的很辛苦。不僅會因為作業人員導致結果參差不齊，要是沒有熟練的作業員根本無法達到選別的目的。此外，Kewpie 為了體貼工作人員，也考量應該廢除這項太辛苦的選別作業。」（荻野）

過去曾經評估過選別作業機械化的可行性。然而，「集團內其他公司使用歐洲製造的檢查設備，價格昂貴。一套設備的行情要好幾千萬日圓，而且選別的準確率並不高。於是我們才想到，是不是能靠運用人工智慧來克服。我們希望開發出一套全世界最便宜、性能最好、最容易操作的檢查設備。」荻野說明開發的過程。

「Google、BrainPad 自始至終給予支援」

ＡＩ原料檢查設備的開發，由 Google、BrainPad、日立製作所等公司攜手合作。Google 提供框架 TensorFlow 和深度學習技術，BrainPad 負責人工智慧實測，日立製作所則承接ＡＩ原料檢查設備的圖形使用者介面（graphical user interface, GUI）設計。至於整套設備的系統開發，借助日本國內多達約四十家中小企業的鼎力合作。

使用深度學習技術檢測不良品時，如果不良品較多，通常會考量製作「以不良品資料作為訓練資料來學習，檢測出不良品」的模型。然而，Kewpie 歸納工廠第一線的意見後，研判「登錄不良品的做法並不實際」。也就是說，即使登錄所有不良品之後製成模型，接下來一旦發現新的不良品就必須再次登錄，結果這樣反而加重維修管理的負擔。

於是，開發人工智慧時想到可以讓系統學習辨識良品，以「良品之外全都是不良品」的標準來選別。如果是良品學習系統，所有未知的不良品或是混入的異物應該都會被視為不良品排除。「Google、BrainPad 起初研判良品學習模型會比較困難，但實際進入開發後，終究能以良品學習模型來提升效益。」荻野說明。

事實上，排除不良品的深度學習模型花了兩個月左右完成原型。但荻野解釋，真正能以ＡＩ原料檢查設備之姿在第一線實際運作，花了近一年時間。

「因為是要在工廠第一線實際運作的檢查設備，必須確認各項安全無虞，以及在工廠調度物資、資訊流程整流化的應變等，要解決的課題很多。這類狀況去詢問管理階級也無法獲得正確訊息，必須花工夫一一聽取現場作業人員的意見。雖然只是一套檢查設備，看似簡單，但要製作到能在第一線使用其實非常不容易。」

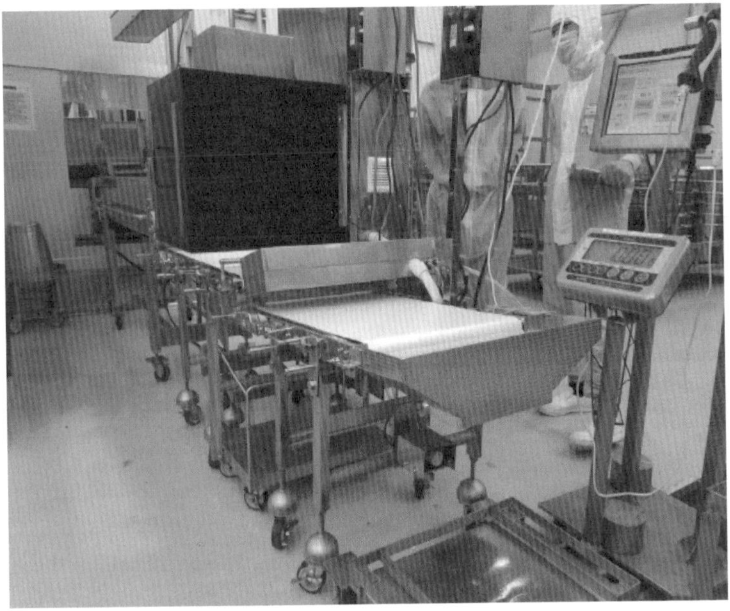

Kewpie 的鳥栖工廠導入 AI 原料檢查設備

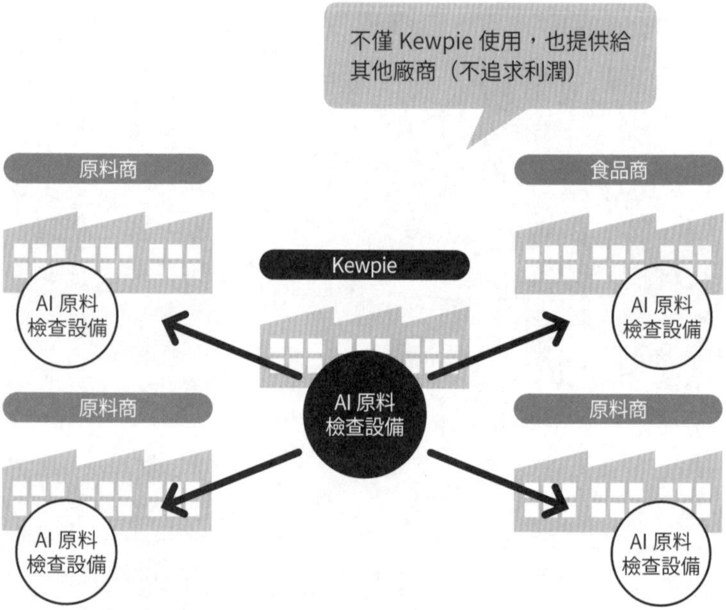

為世界提供安全安心的原料，業界協力，關鍵字是「理念」

二〇一九年九月，ＡＩ原料檢查設備已經在 Kewpie 三間工廠上線運作，另外還預定進駐兩處工廠。荻野表示，「就目前有限的原料來說，不良品的檢測率已經達到百分之百。在選別作業中不該被當作良品的，一定會視為不良品排除。反過來說，雖然其實是良品卻被當作不良品排除的，大概一萬個裡面會有一個。這是經過不斷微調才能達到的平衡。」

照明等實體上的微調，將成為人工智慧的情境

為了實踐百分之百的不良品檢查率，不僅需要隨時微調深度學習的參數，荻野說明，「在實體上的調整也很要求。像是照明或攝影機的拍攝條件，這些都會成為人工智慧辨識時的情境，不斷追求最適當的環境。」換言之，人工智慧的情境就是找出在什麼條件下輸入資料會讓人工智慧更容易學習、更容易判斷。思考這些因素，似乎成為建立人工智慧能在第一線實際運作的一項重點。

這類成為人工智慧情境的物理性條件調整技術開發，接下來仍將持續推動。「原料沾到水之後在光線反射下，會增加影像辨識的困難度，於是我們往橫向拓展，評估

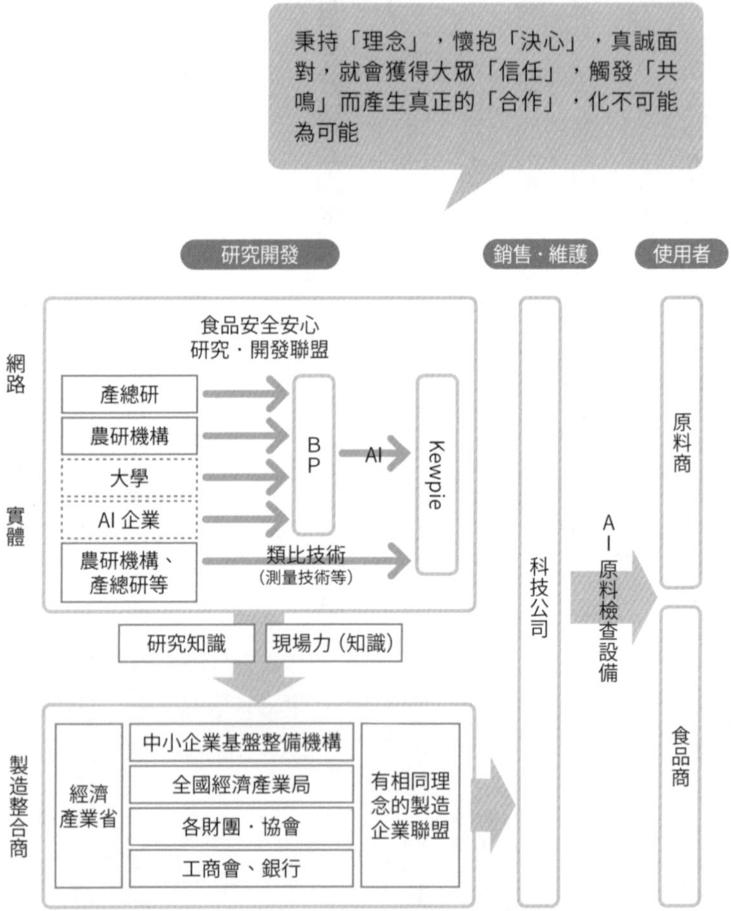

AI 原料檢查設備的實際操作概況（從開發初期想像並實踐）

醫療領域使用的技術，開發物體沾溼後也不會反射的照明設備。此外，不僅可見光，從電磁波到聲波，各種波長都列入使用評估。」荻野解釋。著眼點的確寬廣。

再者，考量在第一線的使用，辨識的速度也是一大關鍵。若無法使用對應通用邊緣裝置（edge device）*的電腦，在一定時間內處理不良品的檢查，就沒辦法跟上輸送帶的速度。

嘗試各式各樣的演算法之後，發現即使準確率很高，但過於深奧又複雜的演算法並不適合在第一線使用，因此轉向尋找網路層不要太深、複雜性也不高的理想網路架構，最後成功找到。「我們本來預設想達到人工目測兩倍左右的速度，現在可以達到大約二點五倍。」荻野評估現況。

使用人工智慧時要秉持「理念與決心」

至於ＡＩ原料檢查設備的對外銷售，「目前預估二〇一九年年中可以導入至大約

---

*譯注：向企業或服務提供商核心網路提供入口點的裝置，如路由器和各種廣域網路（ＷＡＮ）接入裝置等。

十間公司。」荻野說明現況。不僅準確率方面品質優良，相較於歐洲製造的原料檢查設備，導入成本約只有十分之一，大受好評。

為什麼 Kewpie 這個食品商會運用人工智慧、深度學習，並進一步達到能改變社會的成果呢？荻野說道：「運用人工智慧能否成功，關鍵不在於技術水準的高低，而是能否理解何謂創新。」實際引進人工智慧的過程中，除了自家公司，荻野對於其他合作夥伴企業同樣要求「秉持理念並抱持決心貫徹到底」。這也是 Kewpie 的風格。

「深度學習發展的歷史尚短，就技術力來說大家半斤八兩。在這樣的環境下更需要找到有共同理念與決心的夥伴。」荻野談起這番話時，眼中流露強烈的意志，展現未來將持續以人工智慧這項工具為日本食品業、甚至全日本的產業帶來革新。

PLUG

以人工智慧替代包裝設計消費者調查，產品開發流程可能徹底翻轉

包裝設計對商品銷售影響極大，因此運用深度學習來挑選。二〇一九年四月開始引進「包裝設計喜好度評估預測AI服務系統」，將喜好程度分為五個等級來預測。目前有超過兩百間公司登錄使用。或許未來將大幅改變行銷活動中很費時的市場調查作業。

致力於市場行銷調查和包裝設計開發業務的PLUG（東京千代田區），每年春、秋兩季都會舉辦「包裝設計排行榜」。這項調查針對市面上新推出的約五百項商品，詢問消費者喜好程度。一項商品會對一千名消費者進行問卷調查，目前共計調查過四千一百一十五項商品，代表已經累積了四百一十一萬五千人份的資料。

「從過去累積的這些資料，成功推動了新的服務。」該公司小川亮社長說。所謂

喜好度，係指將消費者是否喜好該商品包裝分成五個等級來評分時，受測者回答「很喜歡」、「喜歡」的比例。

該公司將這項調查當作資料庫的服務銷售，開發出讓這些龐大資料經過深度學習後能評估包裝設計的人工智慧系統。在針對消費者的調查中，將喜好度分成五個等級請受訪者回答，而現階段進行的人工智慧則藉由分析開發中的包裝來預測0～5評分範圍內的喜好度。

至於預測值的準確率，比較問卷調查結果實測值與人工智慧計算的預測值兩者之後判斷。得到的結果是，雖然會因為商品種類而有落差，仍得到相關係數（就整體而言實測值與預測值有多少相關性）為0.514，且數值絕對誤差低於0.25（百分之五）的比例（實測值與預測值之間誤差少的結果比例）為百分之七十二的佳績。

使用全數據的百分之八十五學習推導出的結果作為預測值，其餘的百分之十五資料當作實測值加以驗證。結果顯示，啤酒、調味料、保養品等類別可得到高準確率，甚至達實用階段。目前有十一個類別使用這套方法。

幾分鐘就能計算出喜好度的分析結果

一般而言，包裝設計開發案多半先將設計案篩選至十個左右，如果要做消費者問卷調查，就會再精選出三案左右。至於如何篩選到三個案子，小川社長表示，初步階段只能仰賴負責人員的品味。

「最初是設想在一開始篩選的階段用來輔助。在篩選出要進行問卷調查的設計案過程中，很可能出現優秀設計落選的遺珠之憾。如果能先透過人工智慧大致了解喜好程度的數值，就能當作決策時的參考。」

這項服務可以在網路瀏覽器上使用。上傳想要查詢的商品影像，再選擇商品種類。用商品名稱和公司名稱作為反映品牌能力的係數，在雅虎上搜尋，將搜尋符合結果的數量當作「品牌分數」輸入。

這麼一來，只要幾分鐘就能計算出結果。此外，分析結果還能以PDF或CSV檔案的形式下載，方便客戶在公司內部簡報時使用。「喜好度的平均值大約是3.8。一般來說近4分就非常好，如果只有2分左右最好放棄。大致是這個標準。」小川社長說明。至於使用費，查詢十個影像以內免費，若是簽約則會因為合約期間長短而有不

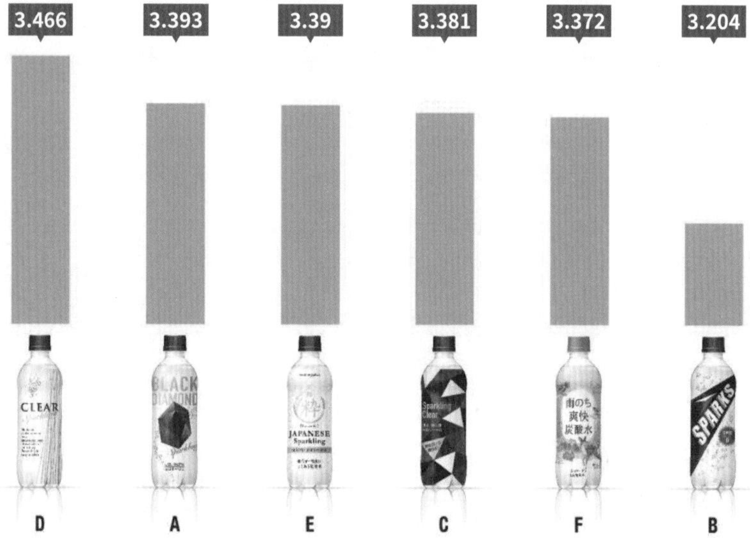

兩三分鐘內就能預測 1～5 的喜好度分數

同的月費；但如果是上傳張數無上限的方案，一年需支付六百萬日圓。

如何判斷人工智慧分析結果的可信度？

這項服務使用在包裝設計開發第一線時，客戶如何判斷人工智慧分析結果的可信度，進一步決定簽約呢？

「坦白說，我們也一直在摸索。因為消費者問卷調查也不可能精算出絕對準確的數字。新型態的服務具備各種潛力，我們希望客戶嘗試各種途徑。」小川社長補充。

如果消費者問卷調查的結果非常好，是否就會大幅提高該商品的銷量呢？答案是未必。新服務採取定額的訂閱型服務，可不限次數嘗試，成本比一般的消費者問卷調查便宜許多。此外，以往的問卷調查大約要花上一個月才能得到結果，這項新服務只要幾分鐘。

設計出爐之後套用到新服務上看看，得到結果再據此修正設計，然後再次用新服務看看反應。像這樣，快速啟動PDCA循環（循環式品質管理）。這麼一來，確實能讓分數越來越高。在減少時間和成本的情況下，仍能得到好的結果。

運用擁有的資料和分析獲得的知識，自家公司開發人工智慧系統

令人驚訝的是，開發這套人工智慧系統的竟然是PLUG副社長坂元英樹。坂元過去是市場行銷調查員，據說完全沒有程式開發相關經驗。

「委外的話一方面耗費成本，而且know-how會外流，因此最後還是決定內部自己嘗試。說起來真的滿辛苦，但只要有理想的開發環境，深度學習目前有很多資訊都是公開的，某種程度上確實能自行開發。如果沒搞清楚這一點就貿然委外，最後什麼都學不到。」小川表示。

PLUG的強項是在相同的規格裡擁有大量過去的研究調查資料。然而，小川表示，除此之外還有其他優勢。

「人工智慧的開發不是有程式和資料就行了，我們在評估包裝設計上，有很多過去累積的知識和見解。為了提高準確率，必須根據這些知識見解一步一腳印建立起訓練資料，然後持續不斷調整。」這才是該公司的優勢所在。

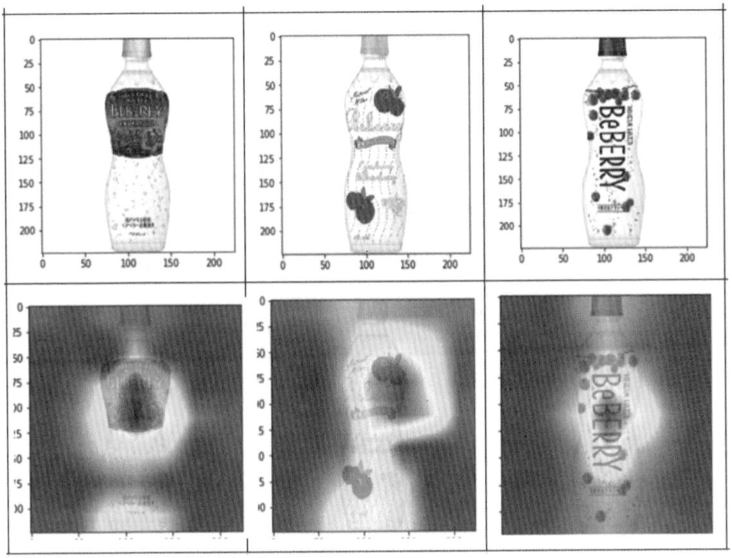

能夠在視覺上確認設計方面哪個部分連結到喜好度

也可以進行「美味」、「可愛」等要因分析

二〇二〇年三月推出增加新功能的更新版本。在消費者問卷調查中設有自由作答欄位，這些以文字呈現的評價也作為調查資料大量保留下來。針對這類資料，用深度學習來進行自然語言處理，擷取關鍵字。

將「美味」、「感覺很高級」、「可愛」等關鍵字分別建立模型，藉由加上分析商品影像，就能知道這個包裝搭配哪個關鍵字會得到比較高的分數。由於能進行這類要因分析，非常有助於思考包裝設計的方向。

「用影像分析可以看出包裝的哪個部分反映在該關鍵字的加權上，並能以熱點圖來表示。我認為這套系統完成版本升級之後，對於設計決策會有很大幫助。」小川說道，同時展現未來開發的企圖心。

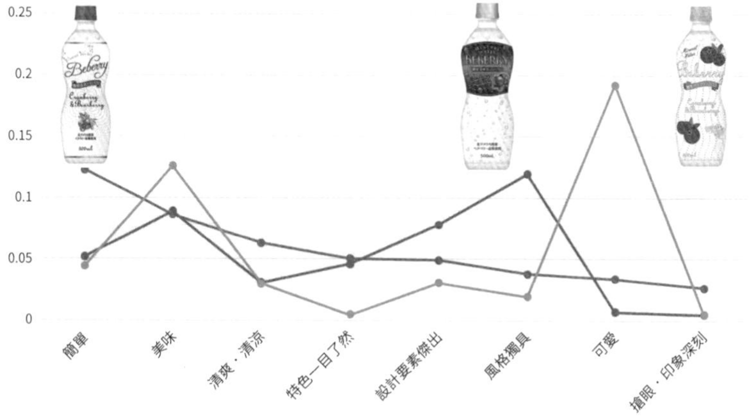

每一種設計所具有的意象皆可量化

AnyTech

從水處理設施到巧克力，簡單確認「流體」的品質和狀態

除了固體之外，這個世界還有很多「流體」。水、空氣便是流體，其他如融化的巧克力和鐵礦也是。人工智慧新創公司AnyTech（東京文京區）以深度學習的技術實現了多樣化的流體品質檢查和異常檢測，並發展出商業規模。服務開始四個月，針對日本國內水處理大廠等客戶已經達到一億日圓業績。藉由保持各種流體的品質，希望能對解決環境問題等社會課題做出貢獻。

「我在大學本來就是做流體的研究，之所以會將這項研究作為事業，是因為敝公司主導了使用水質判定人工智慧『DeepLiquid』這項新技術的服務。」AnyTech代表董事島本佳紀說明。

化學感測器並非萬無一失

AnyTech不是站在人工智慧或資料科學專業的角度，而是從流體專家觀點開發人工智慧解決方案，推動事業發展。島本繼續說明。

「維持流體品質的這個市場非常大。然而，過去檢測異常只能仰賴化學感測器或是嫻熟的作業人員目測。一般來說，使用化學感測器會有準確性不穩定的狀況，得面對花費時間和成本的課題。另一方面，由熟練的監控人員目測異常狀況，常會因為水處理設施的人員不足而無法全面監控，隨時有面臨訴訟的風險。因此，我們想到，如果能夠以人工智慧來分析監視攝影機拍下的影片檢測異常，就能解決水處理設施的課題了。」

由此可知，從最初的契機到落實事業化，關鍵在於使用新技術的服務。以時間序列來分析液體或氣體等流體搖晃的狀況，檢測異常。二〇一九年七月十一日至十二日在兵庫縣神戶市舉辦的「Infinity Ventures Summit 2019 Summer Kobe」中，這項技術獲得第二名。之後獲日本國內水處理大公司採用，起步堪稱順利。

以流體專家之姿接觸深度學習技術

島本從大學時代開始就持續進行流體特徵分析的研究。「過去我以光學式影像處理來分析流體，始終沒有成果。這段期間深度學習技術廣受矚目，讓我想到似乎可以應用這項技術來分析流體，於是開始研究。」當時幾乎找不到運用影片來分析流體的前例，對多年來持續研究流體的島本而言，這是一個看來很有研發價值的新領域。

流體就算以靜態畫面擷取出瞬間的影像，也很難光靠這樣捕捉到特徵，因為流體會隨著時間變化。從這些變化偵測出波動搖晃程度、黏度、起泡方式、濁度等狀況，歸納起來才能呈現出流體的特徵。該公司自行打造了影片專用的網路，建立深度學習模型。詳細解說模型之前，先來大致看看運用這項技術的服務適合用在哪些領域。

從飲料到巧克力

新服務的適用範圍不限於水處理設施。島本表示，「流體的分析在資源、生物、化學等多個領域都能做出貢獻。目前想到的是飲料檢查、生產流程中巧克力的黏度、墨水、煙霧、藥品、化妝品等，範圍相當廣泛。」此外，還可超越類似水處理設施之類在品質管理、檢測異常等作業上取代人工，在用途上甚至能夠進一步與機器人結合，作為進行最佳處理方式的判斷材料。

舉個例子，可以用在煉鋼廠去除「爐渣」等雜質的作業。運用最新技術以影片來分析鐵礦熔化的情況，就能準確找到雜質，提高「去除雜質機器人」的作業效率。此外，目前也評估在連鎖餐廳運用於機器人的可行性，將料理從鍋子盛到餐具時，可運用這項新服務判斷配料和湯汁的狀況，讓機器人更平均放置配料。

除此之外，現在正在討論從油面起泡狀態偵測出最適合油炸的時機，自動做出美味炸雞塊的機器人。換句話說，只要是藉由掌握流體狀況來判斷下一步作業的領域，從日常生活到產業面都是這項服務的適用範圍。接下來，進一步看看模型詳細內容。

動態影片與靜態影像截然不同

「以影片來辨識時間序列資料的技術，感覺難度很高。網路層從五十層到一百層的靜態影像網路沒有太大改變，但靜態影像與動態影片在掌握資料上有很大的不同。

相對於使用每一個框架資料的靜態影像，動態影片必須『固定』多個框架來掌握，讓系統學習，並且篩檢出特徵量。這樣從利用深度學習獲得流體狀態的檢測技術，加上基於流體力學分析的知識見解，開發出獨家『Liquid Texture Mining』技術，系統搭載這項新技術。」島本說明。研究流體力學精通這些特性的專家才想得到這種方法。

在這項新技術中，作為核心的流體技術分析演算法使用一個共同的基本模型。另一方面，由於各個適用領域裡的流體特徵量不同，事先已準備好十種左右的模組。島本表示，「針對以時間序列分析流體的基本演算法，在每個領域還準備了學習資料，以個別調整的方式來建立模組。」

從水處理設施檢測異常開始使用

先來看看決定引進這項技術的日本國內水處理大企業的設施。過去主要是由化學感測器來扮演監控的角色。然而，雖然設置大量相同的感測器，卻因可信度不夠還需要技術人員身兼巡視的工作，分析水質檢測異常。但島本解釋，要維持具備技術的監測員人數並不容易，品質管理仍是目前要面對的課題。

引進新服務之後，藉由監視攝影機拍攝水處理設施的水面，再用深度學習技術分析影片，就能偵測到異常發生並提出因應方法。具體來說，就是在水處理設施微生物吃掉細菌的淨化工程中，以人工智慧來分析影片中微生物的行為，判斷哪一種微生物進行什麼樣的活動。

例如，以產生的氣泡數量等多個參數組合來檢測出異常。在過去目測的機制下，由於不可能隨時監測，有時會遺漏。引進新服務的水處理設施裡，發現異常的時間可以從三天縮短成幾秒鐘。不僅如此，監測人員還可從十人減少到兩人，「檢測狀態的準確率達到百分之九十九點九以上。」（島本）

「設定的市場規模為一兆兩千億日圓」夢想遠大

首先是獲得一億日圓規模合約的新服務 DeepLiquid。設定的目標市場非常大。島本的夢想遠大。「據說化學感測器的全球市場規模大約是六兆日圓。在維持流體品質的市場中，定量的指標是以化學感測器的資料為基礎，但如果能用監視攝影機和新服務來替代，能有效提供更高品質的檢查。假設能取得化學感測器市場的百分之二十，就有一兆兩千億日圓。」

如果能以深度學習異常檢測模型獲得這麼龐大的市場，跟進的競爭企業應該不在少數吧。但島本自信滿滿地說：「我認為投入的門檻很高。包括流體力學相關的豐富知識、水處理等各方面業務的多種知識，還有攝影機的架設和拍攝技術等，這些長時間培養的知識見解不是輕易就能獲得。除此之外，處理流體這方面的影片資料累積得並不多，從影片拍攝到標註（label）等需要花上很多作業步驟。想要花個幾年就跟上雖然不是不可能，但這個過程中我們還會持續開發，不斷拉高進入的門檻。」

希望改善中國的食品衛生

一拿起攝影機，能判斷食品鮮度的系統也列入開發的考量範圍。至於為什麼想到這個點子，來自島本學生時期的親身體驗。島本曾因為參加學會發表而前往中國、印度，目睹當地食品衛生的問題，於是思考如果使用從流體狀態檢測品質的機制，或許能解決這個問題。先嘗試在日本落實，將來藉由持續專精流體的人工智慧分析技術，打造將全球流體資料收集到該公司雲端的架構，推動全球性的偵測業務。

NTT DOCOMO

自動辨識商品，藉由掌握來店顧客屬性結合POS資料來建議貨架配置

推出利用人工智慧從店鋪貨架上的照片自動辨識商品，並加以數據化的「棚SCAN-AI」。服務上線一年半，正準備進入下一個階段。不僅能辨識影像、提高人工作業的效率，更評估是否能針對消費財廠商和通路提出貨架配置的建議。根據NTT DOCOMO的會員組織、「Mobile 空間統計」*和POS資料等組合，大致能了解針對哪些消費族群要用什麼方法來推銷哪些商品。或許今後將會改變製造商、通路、批發商之間的權力平衡。

*譯注：採用DOCOMO行動電話網路製作的人口統計資料，能夠二十四小時、三百六十五天，全天候掌握每一個小時的人口變化。

首先介紹二〇一八年四月開啟服務的「棚ＳＣＡＮ-ＡＩ」。這是ＮＴＴ ＤＯＣＯＭＯ開發、提供人工智慧影像辨識引擎，並由ＣＹＢＥＲ ＬＩＮＫＳ負責運用自家商品的影像資料庫和銷售系統。

在零售店鋪中，如何配置商品上架是一門重要的學問，因為這會顯著影響銷售狀況。思考最理想的上架配置時，必須精確掌握在貨架上要陳列哪些商品，數據化之後以專業軟體來分析。但過去必須倚賴人工用掃描機讀取商品資料，以手工作業方式來數據化。

已有數間公司使用

「棚ＳＣＡＮ-ＡＩ」便是利用人工智慧將這些作業自動化。服務上線之後，已有包括大型飲品公司和菸商等數間公司採用，還有不少公司正評估引進這套系統。

「我們負責人工智慧的影像辨識引擎，至於服務的提供，則委託管理商品資料庫的ＣＹＢＥＲ ＬＩＮＫＳ。業者引進服務時，必須重新考量整體業務流程，因此多半會進行概念驗證（proof of concept, POC）。」ＮＴＴ ＤＯＣＯＭＯ法人業務本部解決方案服務部解決方案設計第二擔當主查高聖明表示。

用智慧型手機拍攝貨架的照片，然後將照片上傳到伺服器，人工智慧系統就會自動分析貨架上的商品。貨架配置的資料採用PTS格式的標準規格，並能以相容的CSV檔案下載。以往人工作業需要花上三十分鐘，引進新系統之後只要大約三分鐘即可完成。

尺寸不一的商品辨識準確率是待解課題

目前影像辨識的準確率大約百分之九十。這是配合各項技術才能達到的準確率。首先，剛開始用深度學習技術來偵測物體，這個階段會以大略的矩形來裁切商品。接著，將裁切出的商品影像與商品資料庫的影像對照，這個階段要進行兩項作業。一是以過去既有的技術特徵量比對來擷取出影像的作業。另一項則是以深度學習技術搜尋影像再擷取出的作業。最後將這兩項經過集成學習（ensemble learning）擷取出優點，以得出結果的機器學習器交織出幾個候選結果後輸出。

辨識商品最困難的一環是區分350毫升與500毫升這兩種不同尺寸的商品。比方說，

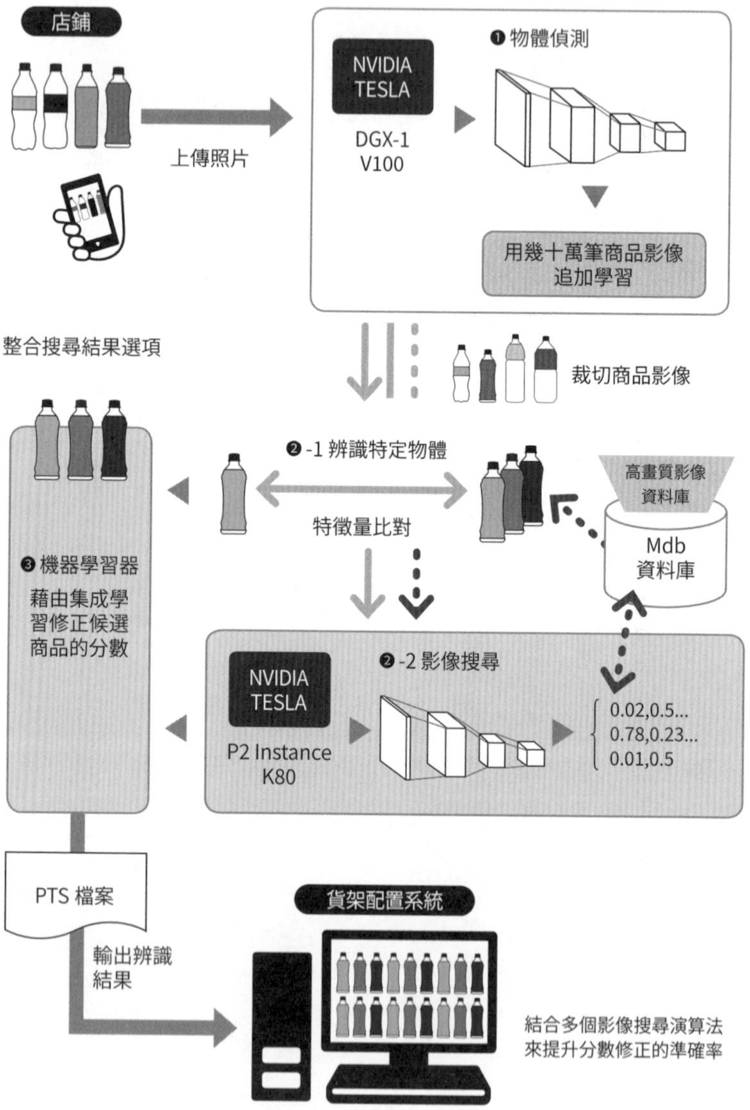
店鋪
上傳照片
NVIDIA TESLA
DGX-1
V100
❶ 物體偵測
用幾十萬筆商品影像
追加學習
整合搜尋結果選項
裁切商品影像
❷-1 辨識特定物體
特徵量比對
高畫質影像
資料庫
Mdb
資料庫
❸ 機器學習器
藉由集成學
習修正候選
商品的分數
NVIDIA TESLA
P2 Instance
K80
❷-2 影像搜尋
0.02,0.5...
0.78,0.23...
0.01,0.5
PTS 檔案
輸出辨識
結果
貨架配置系統
結合多個影像搜尋演算法
來提升分數修正的準確率

和五百日圓硬幣放在一起辨識，立刻就能察覺出不同。但僅憑單一個體來判斷，肉眼也很難分辨出來。目前的方式是先歸納出在照片上貨架位置後選擇，新增能手動指定容量的功能，但提升不同尺寸的辨識準確率仍是今後要解決的課題。

另一方面，每當遇到新增新商品或重新包裝等變更時都會讓辨識的準確率降低，因此大約要以每一季到半年一次的頻率重新學習。為了盡可能提高學習影像的準確率，目前正評估運用能產生類似資料的「生成對抗網路」（generative adversarial network, GAN）。

運用行動電話用戶資料的貨架配置建議

NTT DOCOMO將貨架配置資料化，達到提高效率的目標。該公司也勾勒出進一步拓展服務的路線圖。接下來要開發的系統是向客戶提議什麼樣的貨架配置方式更好。

NTT DOCOMO的強項是擁有大量的行動電話用戶資料，包括運用行動電話網路的人口統計資訊「Mobile 空間統計」，以及獲得使用許可的「d Point」會員資料，還有問卷調查資料等，總計多達數百萬人份。希望能將這些資訊與店鋪的ＰＯＳ資料及貨架配置資料結合分析，以便建立用人工智慧自動找出最理想貨架配置方案的系統。

舉例來說，某間分店的所在地區，由既有資料可知是高所得族群分布比較多的地段。因此，相對高價的商品很可能就會放在店內比較醒目的位置。然而，高價商品的銷售狀況卻不如預期，這時可使用 Mobile 空間統計更詳細分析店鋪周邊的人潮，探究原因。結果可能發現既有資料中的地區與實際情況有落差。因此，店鋪接下來的因應方式是主打價格稍低的商品。這是ＮＴＴ ＤＯＣＯＭＯ設想可做到的服務型態。

「棚ＳＣＡＮ-ＡＩ」主要銷售對象是消費財等的廠商，新提案型系統則希望能推廣到通路等其他領域。針對貨架配置的主題，或許將會改變以往製造商與通路兩者的權力平衡。

話說回來，通路業目前仍有許多公司不願花成本投資數位化。未來這筆成本將如何定位會成為重點。

電子商務比例雖然提高，零售店鋪仍不可少

在日本，電子商務的比例仍低，後續仍有許多拓展的空間，但高聖明認為實體零售店鋪也能有一番改革。

「只要能以高準確率來分析商品品項的好壞、預測顧客需求，相信零售商也能穩健獲利。這麼一來，店鋪的地點就變得很重要。比方說通勤途中的商店，由於非常便利，未來仍然不可或缺。」高聖明提出見解。有些人認為未來實體社會將與數位社會逐漸融合，其中突顯實體店鋪的強項變得更加重要。

藤倉 Fujikura

以深度學習技術檢查半導體零件，建構人工智慧平台成為物聯網基礎

電線、光纖、汽車專用配線材線束和相關設備等，在日本國內外市占率極高。另一方面，國內需求飽和、進軍海外市場等業界環境持續變化。此時運用人工智慧，以深度學習技術來檢查新事業的主力產品半導體雷射二極體（LD）。更有趣的是，這裡打造的人工智慧基礎，也會成為其他業務和海外發展計畫的基礎。未來的發展令人期待。

藤倉目前投入的主力新事業之一是生產「光纖雷射」，這是一種將光纖化為增幅媒質的固體雷射。光纖雷射使用高輸出半導體LD作為光源。生產這種雷射二極體時，推動使用深度學習技術的多項檢查設備，包括二〇一八年開始使用的雷射二極體晶圓外觀檢查，以及二〇一九年的雷射二極體晶片批次檢查。介紹個別業務之前，先

大致看看該公司描繪的深度學習運用路線圖，饒富興味。

路線圖處理「影像」、「數值・符號」、「控制」、「語言・概念」等資訊

「敝公司在幾個具代表性的業務領域持續推動包括概念驗證等多項人工智慧運用技術。以長遠的眼光來看，我們希望透過運用人工智慧改善生產流程，達到『改善製造業』的目標。」藤倉生產系統革新中心副主任黑澤公紀表示。

運用深度學習的路線圖中處理的資訊分為下列幾項：「影像」、「數值・符號」、「控制」、「語言・概念」。根據資訊內容，影像可細分為「單幅靜態影像」、「單幅動態影片」、「複數」三類。針對這些項目各自分配「影像辨識」、「高速推論」、「物體偵測」等關鍵技術，準備好依序推動開發的路線圖。

雷射二極體晶圓外觀檢查系統是用於影像中單幅靜態影像的技術，二〇一七年開發，二〇一八年開始運作。而雷射二極體晶片批次檢查系統則是複數影像的技術，二〇一八年開發。二〇一九年的開發重心是處理數值和符號的資訊。

以一般認為用於時序資料分析頗具效益的遞迴神經網路（recurrent neural network, RNN）和複數溝通模式來學習的多模式作為關鍵技術，目標是應用在以感測器資訊來診斷和分析業務資訊等。首要考量並非「人工智慧能做什麼？」，而是綜觀需要的功能、關鍵技術和作為目標對象的資訊，再描繪出路線圖。

「以人工智慧平台作為製造業的改革基礎」

在發展過程中，除了已經實際運作的兩項檢查系統，藤倉更推動建構全公司以人工智慧來互動使用資訊的「人工智慧平台」。從國內外工廠等地設置的檢查設備、感測器、人工智慧邊緣裝置所獲得的資訊，都能在日本國內的據點統一管理。這些成為資訊的基礎。透過ＩＰ網，人工智慧分析和系統監控、維護運作等所需的資訊都能即時交流。

黑澤分析，「運用人工智慧、深度學習的系統，成效如同已經實際運用的兩項檢查系統，多半是相對容易展現金錢價值的內容。像是能夠清楚呈現效果的人工智慧平台，就很容易做出投資判斷。另一方面，製造業需要的物聯網，也就是工業物聯網（industrial internet of things, IIoT），沒那麼容易推動導入。因為很難保證有顯著的

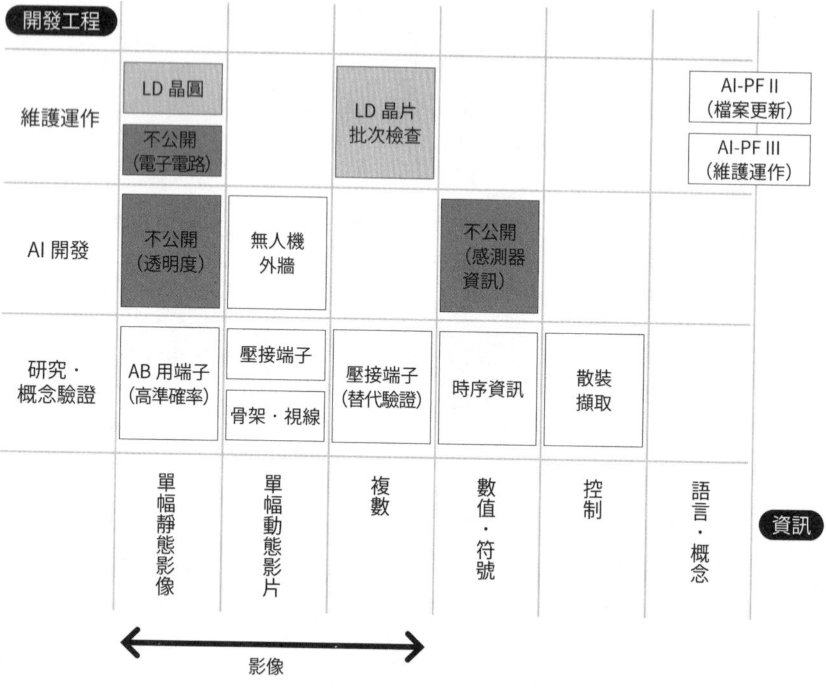

藤倉彙整的深度學習主要應用專案

效果，經營團隊很難做投資判斷。要投資這類做了才知道效益的系統很不容易。」

藤倉首先在展現投資效果的人工智慧領域建立人工智慧平台，確保投資效果。接下來再以這個平台為基礎，進一步推動發展未來的工業物聯網。「雖然名稱叫做『人工智慧平台』，但仔細想想，跟工業物聯網的平台是同樣的架構。建立用人工智慧在經營上取得效果的平台，換句話說幾乎等於打造了工業物聯網的平台。」黑澤表示。

接著，來看看作為這幅壯觀路線圖第一步的兩項檢查系統細節。首先，從以人工智慧提升第一線業務效率開始說明。

路線圖的第一步，提升過去人工目測的檢查業務效率

最早實際運用的是活用深度學習的雷射二極體晶圓外觀檢查系統。製作雷射二極體時，將半導體材料切成圓盤狀薄片的晶圓上，由多個晶片組成。要確認晶片是否順利長在晶圓上，外觀檢查作業不可或缺。過去雷射二極體晶圓外觀檢查是由專業技術人員用顯微鏡進行，也就是倚賴人工目測，作業負荷高。「作業時必須不斷一點一點移動晶圓，耐著性子仔細檢查。此外，人工目測難免會有遺漏或判斷失準，整體來說

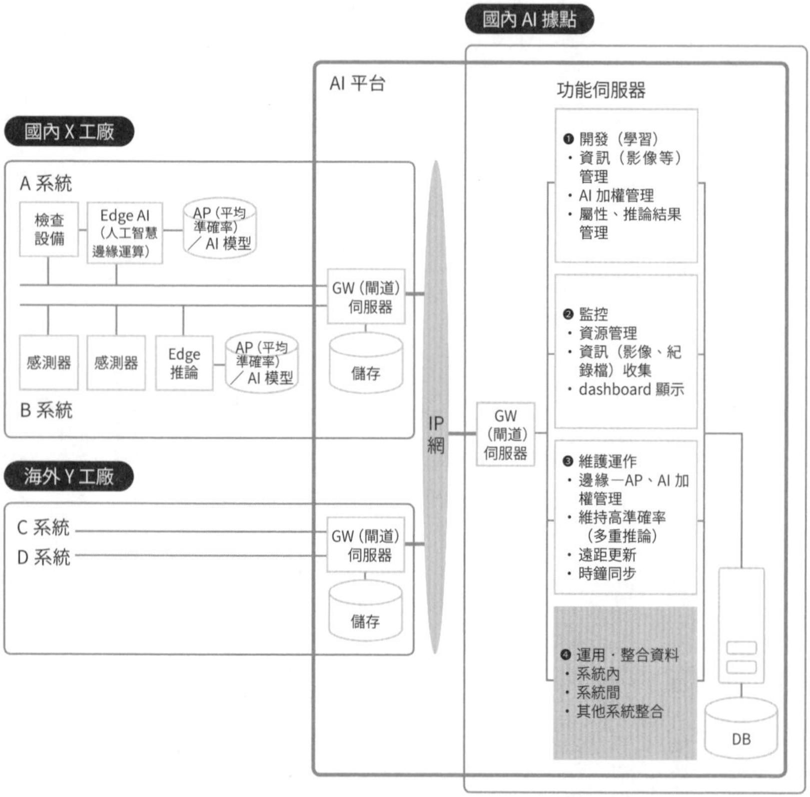
國內 AI 據點
AI 平台
功能伺服器
❶ 開發（學習）
・資訊（影像等）管理
・AI 加權管理
・屬性、推論結果管理
❷ 監控
・資源管理
・資訊（影像、紀錄檔）收集
・dashboard 顯示
❸ 維護運作
・邊緣—AP、AI 加權管理
・維持高準確率（多重推論）
・遠距更新
・時鐘同步
❹ 運用・整合資料
・系統內
・系統間
・其他系統整合
DB
國內 X 工廠
A 系統
檢查設備
Edge AI（人工智慧邊緣運算）
AP（平均準確率）／AI 模型
GW（閘道）伺服器
儲存
感測器
感測器
Edge 推論
AP（平均準確率）／AI 模型
B 系統
IP 網
GW（閘道）伺服器
海外 Y 工廠
C 系統
D 系統
GW（閘道）伺服器
儲存

人工智慧平台架構圖

檢查的準確率為百分之九十五左右。」（黑澤）

運用深度學習技術的雷射二極體晶圓外觀檢查以靜態影像的方式辨識晶圓影像，檢查晶圓上的晶片。由於晶圓上的晶片位置是固定的，從晶圓上與標示記號之間的物理距離即可判定位置。

只要能開發出利用深度學習從一張靜態影像上辨識影像的技術，以「單幅靜態影像」作為辨識對象，就能夠達成目標。「二〇一七年開發技術後，經過一年時間，正確率從百分之九十九點三左右進一步提升。二〇一八年六月開始實際運作後，正確率維持在百分之九十九點五左右。」（黑澤）檢查的精確度得以遠遠超越人工作業。

雷射二極體晶片批次檢查也可自動化

接下來投入的項目是從雷射二極體晶圓切割出雷射二極體晶片後的批次檢查自動化。這項技術運用於從一片雷射二極體晶圓切割出超過三十個雷射二極體晶片逐一檢查的工程。

要批次檢查超過三十個晶片，所需的技術與晶圓外觀檢查不同。「每個晶片是由機器人放在托盤上，沒有定出正確的位置。有時多個晶片重疊在一起，或是偶爾晶片掉落。因此，必須有掌握晶片位置偵測物體的技術。在技術上，開發了以『複數』為對象的靜態影像辨識技術。」黑澤說明。

既有的物體偵測手法處理費時又費工

如果能建立可偵測超過三十個晶片且同時判斷異常的深度學習模型，理論上就能順利檢查。然而，要檢查經細微加工的晶片，拍攝影像整體需要幾千萬畫素等級的高解析度影像。研究結果發現，SSD（單次多框偵測器）、YOLO（You Only Look Once）這類適合偵測物體的既有深度學習演算法，不免得增加所需的記憶體容量和處理時間。

黑澤說明，「如果是十萬畫素等級的解析度，可以用SSD或YOLO輕易處理，沒什麼問題；但若是超過幾百萬畫素的影像，狀況就會突然變得不同，比方說處理時間遽增，大概從超過一千倍到一萬倍。」對於幾千萬畫素的影像，現有的演算法無法獲得具實用性的成果。

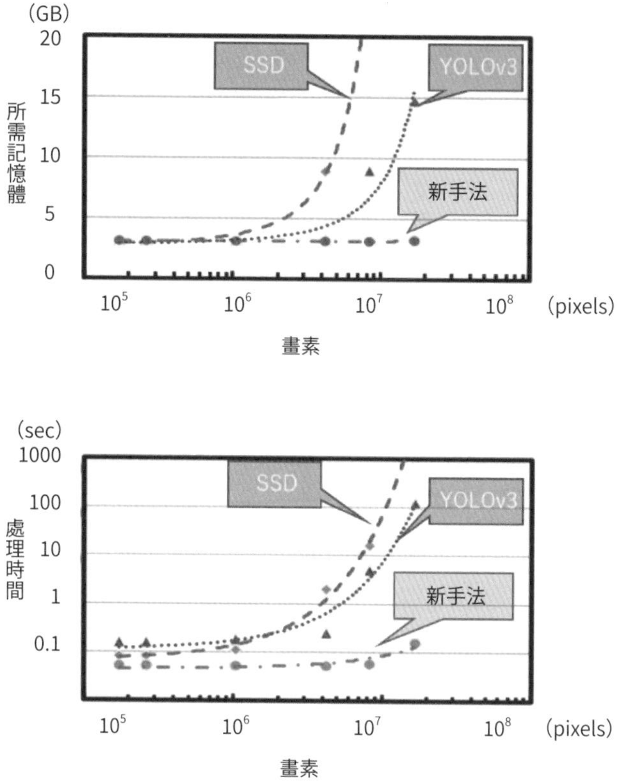

運用深度學習偵測物體時，畫素與所需記憶體及處理時間關係圖

將物體偵測與異常檢測區分為兩階段

基於上述原因，藤倉將物體偵測與異常檢測劃分為兩階段。首先，針對輸入的高解析度影像，使用解析度降到幾萬畫素的圖片進行物體偵測，鎖定超過三十個晶片的「位置」。接著，將物體偵測獲得的晶片範圍當作原本高解析度影像的輪廓線投影，針對輪廓線裁切出的晶片影像再以卷積神經網路（convolutional neural network, CNN）來進行異常檢測。

物體偵測用的是YOLO，但對象是幾萬畫素的影像，因此能夠壓低記憶體和處理時間。只要用之後裁切出的三十多個晶片影像來檢測異常即可。「以YOLO來進行高解析度影像的物體偵測非常耗費時間，大幅超過一百秒。但若採取新的手法，兩階段共計十秒左右就能完成，而且幾乎不必增加需要的記憶體。」（黑澤）

運用深度學習的雷射二極體晶片批次檢查，二〇一九年四月開始實際運作。整合超過三十個晶片，可以判斷出正常和四種異常狀況。在影像上，正常標示綠框，異常顯示為紅框。

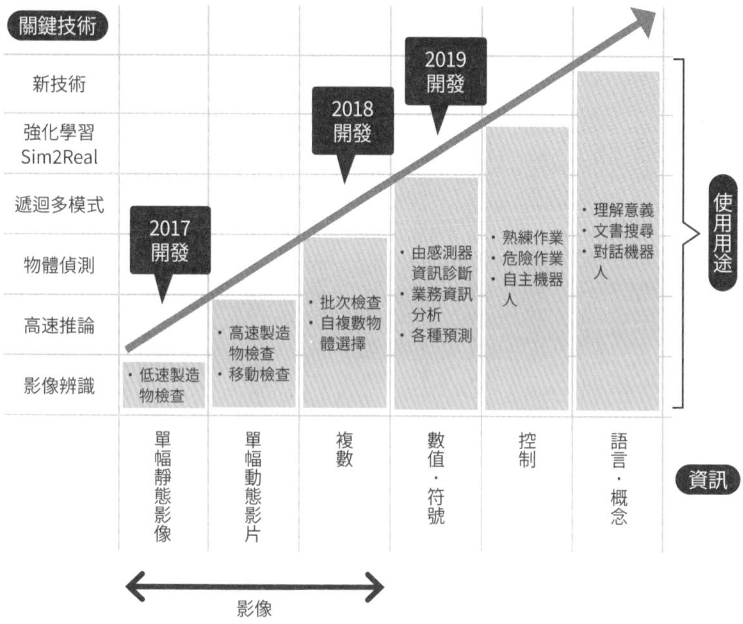
關鍵技術
新技術
強化學習
Sim2Real
遞迴多模式
物體偵測
高速推論
影像辨識
2017
開發
2018
開發
2019
開發
・低速製造物檢查
・高速製造物檢查
・移動檢查
・批次檢查
・自複數物體選擇
・由感測器資訊診斷
・業務資訊分析
・各種預測
・熟練作業
・危險作業
・自主機器人
・理解意義
・文書搜尋
・對話機器人
使用用途
單幅靜態影像
單幅動態影片
複數
數值・符號
控制
語言・概念
資訊
影像

納入深度學習的路線圖

試算經濟效益後判斷導入

進入實用階段的兩套檢查系統，已經展現效益。根據藤倉公布的資料，數值上的效益之一是，「與人工目測檢查相較，採用雷射二極體晶圓外觀檢查系統後，檢查時間縮短為十分之一，雷射二極體晶片批次檢查系統的作業時間為原來的七分之一」。話雖如此，縮短作業時間的效果很難直接換算成經濟效益。黑澤將效益分為三種，指出其中獲得經濟效益的成效才是推動運用深度學習的關鍵。

「效益可以分成定量效益與定性效益，定量效益很難換算成實質的經濟效益。然而，經營階層要求的就是展現經濟效益。不能只說打造人工智慧很好一句話就帶過，務必要展現出這麼做可以達到多大經濟效益才行。」（黑澤）因為採取這樣的觀點，便將導入兩套檢查系統之後的「績效基礎」與「超安全基礎」的整體收支，與未導入系統向來仰賴人工作業的收支，兩者分開計算。

「比較開發和採購機器等初期費用，以及檢查一百張影像的人事費用與使用人工智慧的營運成本，然後估算收支。同時，以目前的績效為基礎，以及在現狀飽和之下的超安全基礎，兩者各自模擬。推估的結果發現，以績效基礎來評估，第一年就能打消累積的損失，而即使是超安全基礎也能在第二年打消累積損失。事先像這樣已經確認過經濟效益後，才判斷導入系統。」（黑澤）如果能確實試算出使用人工智慧系統比以往仰賴人工作業更能改善收支，那麼經營階層也沒有拒絕接受人工智慧或深度學習的理由。

另一方面，對於工作型態的改革也有很大影響。「一旦導入運用人工智慧的檢查系統，第一線工程師紛紛表示『已經不想回頭用過去的做法』。他們都不希望把自己高水準的工程才華耗費在類似目測檢查的作業上。導入檢查系統後，就能把資源放在改善晶片結構或製程這類下一個階段的研究。」黑澤說明實際效益有多大。

針對兩套檢查系統運用深度學習，明確獲得經濟效益。以藉此獲得的收益作為基礎，接下來依照計畫推動發展全公司的平台。

日本菸草產業ＪＴ

以百分之九十九準確率辨識超商香菸陳列，藉由逾千人參加的競賽實現

受到推廣防治二手菸的風氣影響，日本菸草產業的業務出現重大轉變。嘗試以深度學習來掌握香菸在超商的陳列狀況。共有一千零一十三人參加這項競賽，辨識準確率高達百分之九十九。獲勝者來自中國，第二名是俄羅斯人，日本人位居第三。

二〇一九年九月一日起，東京都餐飲業者有義務標示店內是否禁菸，由於這類防治二手菸的風氣盛行，菸商大受影響。雖然近來加熱式菸品需求提高，但日本菸草產業仍需面對一般認知度不足的問題。

日本菸草產業希望與各大樓管理部門交涉，並實際走訪吸菸區與吸菸者面對面，直接推銷加熱式菸品。然而，要保留作業人員，首先少不了的就是推動提高現有業務

的效率。

「當我們思考以數位化來提升效率時，列舉的對象就是將超商香菸貨架陳列作業數據化，藉此減輕業務負責人的工作負擔。」該公司菸草事業本部事業企畫室課長代理數田悠表示。

目標是將費工夫的貨架配置資料製作作業交給人工智慧，進一步改善業務負責人的工作模式。在這項技術開發上，日本菸草產業採用資料科學家傾力競逐的「AI大賽」脫穎而出的作品，運用SIGNATE（東京千代田區）的平台，據說這是全世界最大規模的資料科學家競賽平台「Kaggle」的日文版。至於日本菸草產業如何找到合作機會，容後詳述。

以人工智慧作為菸草事業本部的數位解決方案

JT除了如「日本菸草產業」之名在菸草事業上占了約九成營業額之外，也推動朝醫藥、加工食品等事業發展。此外，對於進軍海外相當積極，目前在近一百三十個國家地區皆有銷售，海外業務規模甚至比國內更大。其中日本菸草產業菸草事業本部事業企畫室有別於該公司的資訊科技部門，從更接近第一線的觀點積極運用數位解決方案。

事業企畫室課長代理加藤正人提到，「菸草事業本部內部的數位運用，多半是接受諮詢，或是實際支援技術驗證和導入。過去大多是接受人工智慧運用的相關諮詢，並積極採納。在這當中，彙整以數位化提升效率的業務內容時，發現製作店鋪內貨架配置資料特別花時間。」

菸草事業本部業務負責人的重要工作之一是在超商或販售香菸的店面「搶到好位子」，也就是請店家好好陳列自家商品，讓顧客一眼就能看到。商品放在超商收銀台後方香菸陳列櫃的哪個位置，比較容易暢銷呢？要進行這類分析，必須先將貨架配置狀況數據化。多年來向來是業務負責人親自到店，在不影響店內營業的情況下拍照，以此作為參考，手動製作貨架配置資料。坦白說，這項作業大費周章。

過去擔任業務負責人經驗豐富的數田分析，「根據我個人的經驗，製作貨架配置資料時，做十間店的量大概要花上兩小時。雖然作業每個月一次，但大約兩千名國內業務負責人要跑遍五萬間左右販售香菸的超商，簡單計算一下，每個月需要花一萬小時製作貨架配置資料。」

日本菸草產業所處的大環境也有變化。過去的業務體制主要是勤跑販賣紙捲菸的超商或賣香菸的店家，確保有理想的貨架配置，但加熱式菸品普及之後，生態改變了。現在必須到與過去不同的銷售通路推銷加熱式菸品，如果依照以往的工作模式，就抽不出時間跑新業務。要是可以減少製作貨架配置資料共一萬小時的時間，就能帶來改變，迎向新的業務模式。

因此，公司決定用店鋪陳列貨架的照片當作影像資料，以深度學習辨識影像，進一步分辨品牌，並檢驗這項技術的效益。

將競賽當作工具獲得最新技術

二〇一八年春天，日本菸草產業接觸到SIGNATE。加藤回憶，「在展示會上看到致力開發人工智慧的SIGNATE攤位，讓我想到用比賽這個開發手法應該很有意思。要是利用人工智慧競賽找到適合的開發點子，一定想實際運用看看。」後來，他們提了幾個想法和SIGNATE討論，卻始終無法篩選出適合舉辦競賽的主題。

過程中，數田於二〇一九年一月進入事業企畫室任職。雙方對製作貨架配置資料耗費人力有共識，決定嘗試運用人工智慧開發競賽的手法來解決這項課題。

「貨架配置的影像辨識，只要製作示範影像就可以提供外部作為學習資料，大多數參賽者可能都會有興趣。」加藤回顧舉辦競賽之前的背景。

話說回來，競賽中不能直接使用超商裡的實際影像。因此，在自家公司內部準備了陳列架器具，拍攝製作影像資料。配合實際拍攝狀況，不只從正面，還準備了從側面拍攝的資料。此外，還會在不同亮度或逆光環境拍攝，刻意改變各項條件。

拍攝時使用的手機和業務負責人在超商現場使用的機型相同，留意到相關細節。另一方面，除了貨架的影像，新產品使用的主影像也加入作為訓練資料。「光從貨架影像來推測品牌的模型，在投入新產品時就無用武之地。藉由另行學習新產品的主影像，追求在貨架上加入新產品時能確實推測出品牌的功能。」（數田）

日本菸草產業與SIGNATE討論競賽中提出的主題和提供作為訓練資料的影像是否理想。討論過程中，加藤發現「（判斷出香菸）物體偵測方面似乎可以打造出準確率很高的模型，但品牌判斷最多只能達到六、七成吧」。另一方面，數田早早盤算推動實用的門檻，「要是不能達到七成左右的辨識準確率，很難在業務上使用。」換句話說，只要藉由競賽找到包含品牌在內超過七成辨識準確率的模型，就能進一步

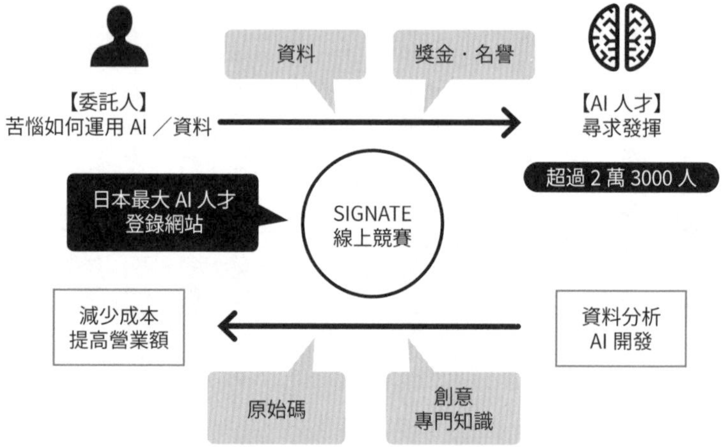

使用貨架影像和商品主影像舉辦競賽

提升貨架配置資料製作作業的效率。

準備了兩百九十三筆貨架影像和兩百二十三筆商品主影像之後，在SIGNATE的平台上舉辦競賽。競賽期間，可一一檢視參賽者提出的模型辨識準確率。這場大賽加入了能讓參賽者競爭高準確率的遊戲化要素，主辦單位日本菸草產業在過程中持續獲取資訊。

「開辦一個月左右，我們就看到辨識準確率出現大幅超越百分之九十九的數字。當時甚至心想，是不是數值解讀哪裡出了錯。小小的外包裝上，除了品牌之外，還有幾mg之類標示產品種類的菸品商品影像，要利用人工智慧來辨識，真的沒有比這更麻煩的了。結果，當初想著只要辨識出品牌就好，沒想到最後前幾名的模型辨識準確率都超過九成，真是令人驚訝。」（數田）

連沒有要求的即時性也達成了

大賽自二〇一九年三月開始收件，六月七日截止。最後獲得優勝的是來自中國的人工智慧研究者，第二名是俄羅斯，第三名是日本。

大賽頒獎典禮。右起為日本菸草產業副社長岩井睦雄、第一名研究者、其他兩位是第三名的研究者（第二名未出席）

ＳＩＧＮＡＴＥ社長齊藤秀針對這樣的結果表示，「總共有兩萬人登錄，這次參賽者是一千零一十三人，第一名的辨識準確率竟達百分之九十九點零七三。只要能接受開發專案必須公開這一點，使用這樣的競賽平台幾乎想不到有什麼缺點。」

以深度學習為題的競賽重點在於留意下面四點：如何進行建立模型的前置處理、使用哪個網路、如何調整參數、如何進行後續處理。

榮獲第一名的研究者不僅展現高準確率，而且獲得結果的執行速度只要十幾秒。對照幾百位參賽者大多需要幾百秒的速度來看，的確非常快。根據優勝者本人的說法，「模型雖然需要改進，但這次的比賽是以改善資料來獲得高分。就結果而言是打造出輕量且處理速度快的模型，但我沒有什麼祕訣，只是各方面均衡開發得出的結果吧。」ＳＩＧＮＡＴＥ的齊藤解釋，「重點在於這是比其他參賽者更簡潔的模型，卻能夠提高準確率。」

第一名得主獎金一百二十萬日圓

同年七月二十二日舉辦的大賽頒獎典禮上，日本菸草產業副社長岩井睦雄致詞時提到，「當初競賽的主題訂為從影像辨識出商品，至於能有多少準確率，我們也不確定。只是想到如果能達成的話，可以減少業務負責人的工作量，把時間用在更有創意的作業上。這場ＡＩ大賽的參賽者超過一千位，我們一共收到一千七百二十九件參賽作品（一人可送多件）。有這麼多人來參與我們要面對的課題，最後也獲得很棒的成果。」他表示非常滿意。

日本菸草產業頒發獎金給前幾名優勝參賽者，分別頒贈第一名一百二十萬日圓、第二名五十萬日圓、第三名三十萬日圓。日本菸草產業同時也取得這些開發模型的智慧財產權。

競賽結果轉往現場實測的時間表尚未確定，日本菸草產業的數田表示，「日本菸草產業取得模型之後，會先用實際的超商資料來驗證，如果能獲得穩定的準確率，就會進一步邁向第一線的實測。」目前計畫在二〇二〇年進行實測，確認有效之後進一步打造使用者介面，邁向實用化。

關於採用競賽這項開發手法，加藤表示肯定，「我認為就特定主題的人工智慧開發專案來說，已經獲得了最大的成果。很意外收穫這麼豐富。」當然，並不是所有開發專案都適合採用競賽的方式。

如果是不能外流的資料就無法舉辦競賽，不過就算是可以外流的資料，以SaaS（Software as a Service，軟體即服務）形式提供人工智慧服務便可解決的問題也不需要花成本舉辦競賽。「這次能找到適合舉辦競賽的主題，我認為在理想的費用與成果間取得了均衡。」數田也給予正面評價。

多留客 Toreta

分析餐廳的暢銷菜單，了解運用深度學習的標註技術

消費財等陳列在店內的商品都以編碼來管理。外食領域也能採取同樣的做法嗎？針對這項課題，專營餐廳預約和顧客結帳系統服務的 Toreta（東京品川區）開發外食數據標註技術，提供分析外食數據的服務。許多食材在餐廳大受歡迎後陸續引發熱潮，這項服務未來或許會有更多元的發展。

Toreta 開發了以人工智慧標註餐廳菜單的技術，二〇一九年七月八日，運用這項技術的分析服務「雲端外食資料庫」正式上線。這類服務在日本國內是首次出現。

在日本，零售店陳列的幾乎所有商品都標示了各廠商共通的ＪＡＮ碼（Japanese Article Number，日本商品編碼）。只要看ＰＯＳ資料，就能知道哪一項商品賣了多少，還可以進行類別分析、競爭分析等各種資料分析，創造新的價值。

然而，外食沒有類似ＪＡＮ碼的共同編碼。即使有ＰＯＳ資料，只是一串數字。

Toreta 卻從中發現了商機。

該公司創立於二〇一三年，針對餐飲業者提供預約和顧客帳務的服務「Toreta」，目前日本全國有將近一萬兩千家店使用。管理客戶資料的過程中，餐廳端希望將POS資料與顧客資料串連。越是客單價高的餐廳，越希望統整管理顧客吃了什麼、喝了什麼等資訊。

「Toreta」服務與POS資料串連的服務於焉展開。目前大約有一千家店使用這項與POS資料串連的服務。這連帶催生出雲端外食資料庫的服務。「在累積訂位資訊、顧客資訊、飲食資訊（POS資料）的過程中，我們一次次討論能夠如何運用這些資訊。考量市場動向，討論到是不是能運用POS資料打造一項新事業。」Toreta資料事業推進室室長萩原靜嚴敘述緣由。

將流通業的商品碼「移植」到外食領域

「這就是洞悉商機的重點。如果能好好善用 Toreta 擁有的外食資料，有需求的公司保證很多。intage 這家公司的服務在零售業POS資料領域算是非常強大的，我們想到，如果能打造出外食版本，預估將是幾十億日圓的商業規模。」萩原表示。

那麼，該怎麼做才能把外食資料轉化成可分析的資料呢？Toreta 想到的手法是先以人工智慧進行菜單名稱的自然語言處理，再進行標註。即使同樣是啤酒，也有「生」、「生中」、「生啤」等各式各樣不同的表達方式。這些都標註為「啤酒」。這麼一來，過去凌亂分散的資料就能以稱為「啤酒」的單一類別來辨識。

飲料單分成「啤酒」、「沙瓦」、「日本酒」等十四類，進一步再細分為「蘭姆酒基底」、「白蘭地基底」之類以口味區分的小類別，約有八十類。另一方面，菜色則以「炸雞」、「生魚片」、「義大利麵」等主菜名稱，搭配「油炸」、「燒烤」、「清蒸」等調理方法，以及「乳酪」、「肉類」、「魚類」、「豆腐」等食材名，共設定大約三十種標註，從菜單名稱就能判斷並自行標註。

食物標註的準確率超過百分之九十

食物標註運用的就是深度學習技術，使用 Facebook 開發的自然語言處理庫「fast-Text」。先以人工作業建立約五萬筆訓練資料，分解到三百維分析後，反覆微調。所

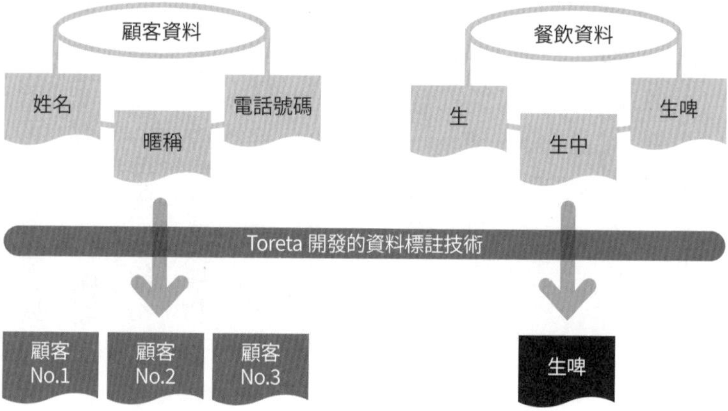

＊以不含個人資訊的統計資料來使用

Toreta 的資料標註技術分成顧客資料導向和餐飲資料導向來彙整

謂維度，係指每個詞的向量維度，一般設定為一百至三百，三百是詞彙量規模大時指定的基準。目前在對應各自的菜單名稱上，正確標註的準確率已超過百分之九十。

該公司說明，準確率低的重要原因之一是菜單名稱太特殊或用英文標示。排除這些造成障礙的因素，重新調整資料，準確率就能提升到百分之九十七至九十九。

二〇一九年七月八日，運用這項標註技術的分析服務「雲端外食資料庫」正式上線。可根據地區、客單價區間、每週七日等各個切入點來分析資料。

目前使用 Toreta 的 POS 資料串連服務的店家共有一千間，這些店每天共計上傳約二十萬筆資料。這些資料以每週一次的頻率標註，然後自動反映至商業智慧（business intelligence, BI）工具。這套商業智慧工具是以微軟的「Microsoft Power BI」為基礎。人工智慧則使用同樣是微軟的雲端平台「Microsoft Azure」的 Azure ML Service。雲端外食資料庫目前每個月的使用費訂為二十萬日圓起。

以外食資料催生食品商品開發

萩原指出，外食資料的分析逐漸成形之後，這項技術可以大幅拓展潛力。

「目前正與啤酒大廠和零食點心大廠洽談。例如參考精釀啤酒在外食產業的銷售方式，進一步擬定在超市裡的陳列提案；甜點當中，以燒烤與冰品的搭配最理想，可藉由這樣的提議改變在店鋪裡的銷售方式等，類似這樣有各種討論方向。希望能取得實際的資料，盡快建立績效。」

另一方面，Toreta思考在外食業界掌握到潮流的脈動後，可以運用至零售商品的開發。過去有很多類似的案例，比如香味辣油、香菜調味料等，這些都是在外食產業先竄紅，商品化之後一舉在零售店面成為搶手貨。因此，接下來也計畫在食品標註上新增原料、調味料等項目。

「加工廠商對關於菜單名稱的分析資料接受度很高，但調味料之類的廠商希望有更基礎的分析資料。話說回來，不得不承認目前要再進一步深入的難度仍然很高。」萩原說明。

Toreta的強項在於不僅有一千間合作店家，而且能由第三者提供各類業態的外食資料。「現在很多公司都擁有POS資料，但可能偏向特定業態，或無法取得許可等，以致不容易善用這些資料。未來我們希望繼續擴增，簽約店家能到兩千間、三千間，並盡快推動建立以標註技術為核心的生態系統。」萩原提出展望。

運動科技實驗室 Sports Technology Lab

運用深度學習分析運動選手的動作，從提升團隊實力到評估球員轉會

將運動選手的動作等當作資料來分析的例子越來越常見，並進一步拓展包括強化戰力等策略。其中一項服務是使用深度學習來分析足球場上二十二名球員的動作，找出球隊問題並將訓練強度定量化。這項嶄新的分析工具「Pitch-Brain」是由研究運動科技的 Sports Technology Lab（東京都港區）與開發深度學習的 Preferred Networks（PFN，東京千代田區）共同研發。沒有直接上場的球員也納入分析，藉此以數據來呈現整支球隊和球員發揮的效益。

現今這個時代，連運動賽事都理所當然地做資料分析。比方說，職業足球賽每一場比賽都有影片分析員觀看賽事影片，針對盤球、射門、進球等設定標註。然而，在 Sports Technology Lab 負責ＣＰＯ（公關總監）／Analyst（分析師）的木下陽介指出

現階段的重大課題。

短時間內完成人工作業超過八小時的情境分析

「仰賴影片分析員來分析的作業，以九十分鐘的比賽來說，要花上八、九小時。而且能分析到的是有接觸到球的球員，也就是只有持球球員的資料。但實際上場上球員在比賽中直接碰到球的時間很少，也就是處於非持球狀態，不過他們的動作和表現仍會明顯影響賽事。球場上的二十二名球員，即使沒有持球，也可能接受傳球進而發動下一波攻勢，或是不斷保持活動來防守。除了試圖縮短分析所花費的時間，更進一步提供非持球球員的動向並以定量的方式呈現其價值，於是開始投入開發這套新的分析工具。」

人工作業的分析無法完全掌握足球場上的所有狀況。從持球狀態挑選出具特徵性的場景後，抽出作為資料。若將場上二十二名球員的動態都視為資料來捕捉，展現客觀分析結果，就能提供更深入的觀察，有助於擬定或修正球隊戰術、評估球員貢獻度等。要分析九十分鐘內場上二十二名球員的動向，使用的正是深度學習建立的模型。

與運動資料事業單位合作，分析球員動態資料

Sports Technology Lab 是博報堂 DY Holdings 與博報堂 DY Media Partners 於二〇一八年十一月共同設立的公司，目標是研究運動科技和開發新事業。二〇一七年十二月，博報堂 DY Holdings 與ＰＦＮ合資，在此背景下，Sports Technology Lab 與ＰＦＮ攜手開發專門用於足球的支援戰術和分析工具。

至於要運用深度學習來分析的資料，則是從在日本國內提供與分析職業足球Ｊ聯盟和職棒官方數據的 Data Stadium（東京港區）取得。該公司在球隊成績、個人成績等統計資料上，加上Ｊ聯盟所有賽事球場上的影像資料，或者使用專用攝影機和軟體來將球員、裁判、足球動態全部數位化之後，提供可參考的追蹤數據（tracking data）。在 Sports Technology Lab 擔任 Media & PR（媒體與公關）的目黑慎吾說明，「我們有影像資料和球員在球場上的座標資料。使用這些，就能運用深度學習，分析包含未持球球員的狀況。」

從二十二人的座標資料和骨骼分析資訊將賽事定量化

使用新的分析工具能實現的功能中，最具代表性的是自動分析賽事情境的功能。足球比賽有各式各樣的情境，如果要分析賽事就必須標註各種情境。即使在進攻中，從目前的進攻前場往後傳球的「side change」，或是射門前使出長傳的「cross」（橫傳），抑或在指定位置放好球重新開始比賽的「set play」（定位球）等，情境形形色色。另一方面，防守上有「pressing」（緊迫盯人）、「retreat」（後撤）等情境。過去都是由影片分析員以目測作業來標註。有了新的分析工具之後，能以深度學習手法讓系統學習球場上球員的位置和方向資訊，並與事先標註的情境對照找出關聯，就能自動分析情境。

運用深度學習之後，過去人工目測要花上八、九小時的情境分析作業，現在可縮短到三十分鐘。一秒二十五格的影片逐步分析情境的結果，辨識率可達百分之七十至八十。「我們希望辨識率再提高。另一方面，就二十五分之一秒為單位的情境分析，即使人工目測也未必能獲得正確答案，有接近百分之八十的辨識率幾乎可視為正確。事實上，side change 的情境約花費一、兩秒，有這個水準的話，幾乎所有情境分析都

能成功。」（木下）

此外，這項工具還具備傳球路徑（pass course）的判定功能，以及球場價值（field value）的判定功能。傳球路徑的判定是指從某個情境中傳球時，將「傳球成功」或「傳球失敗」以深度學習做出定量的標示，判斷是否為有效的傳球路徑。如果某位球員在沒有持球的情況下隨時位於有效的傳球路徑上，可以用數據顯示他對球隊的貢獻。此外，就防守方來說，也可判定「球場價值」，也就是「可防守」的範圍。優秀的球員通常會站在對方場上球場價值低的位置，隨時伺機準備有效進攻。

要進行這樣的分析，不僅需要場上二十二名球員的座標，也需要球員往哪個方向的資訊。新的分析工具使用了ＰＦＮ的骨骼分析演算法，從影片資料中擷取出球員的骨骼資訊進行分析。「足球的場地非常大，影片資料中每一名球員的解析度並不高。藉由ＰＦＮ的技術，能夠從低解析度的影片中成功分析骨骼，提高新分析工具的價值。」（目黑）

留住人才和資料是個難題

開發新的分析工具時，一開始的課題是要分析什麼、該如何進行。木下表示，「以足球來說，多數情況下是以非常抽象的概念在溝通。因此，開發新的分析工具時，面臨的難題是一開始要整理出哪些任務需要解決。」這項作業需要同時對於足球和深度學習這些資料分析有深入了解的人才能做到，該公司曾到國外一些球隊等採訪，但似乎找不到兩方面皆有精闢見解的人才。

然而，在負責結合人工智慧與足球的 Sports Technology Lab 領軍下，運用ＰＦＮ的深度學習技術，配合 Data Stadium 的專業知識，組成強大的黃金陣容。以國外的情況來說，每支隊伍都有各自的資料所有權，很難整合分析。幸運的是，Data Stadium 掌握了Ｊ聯盟的所有數據資料，從大約一百場賽事的資料來製作學習資料，成功建立深度學習的模型。

當作全球轉會市場的工具來使用，商機無限

至於新的分析工具有哪些用途，木下表示，「能夠以客觀的資料分析球隊戰力、戰術，以及球員的貢獻度之後，應該有助於組織球隊並作為球員轉會時的參考。」除了分析自家球隊的球風，首先想到的用途是藉由分析對手球風來擬定比賽戰術。此外，從分析結果得知球隊缺少具備某些特質的球員之後，推動適合的球員轉會交易時，也能用來作為強而有力的理論基礎。目黑說明，「在經營球隊上，爭取球員可說是重大投資。過去一般的做法是從國外拿到比賽的影片，以個人的觀點來評估。但有了新的分析工具之後，可以深入分析球員各項特徵將之視覺化，做出客觀的評估，有助於平衡成本效益促進轉會。」

另一方面，木下展望未來拓展商機：「球員交易市場規模高達幾千億日圓，即使只能爭取到幾個百分點，對新的分析工具來說也算創造了龐大的市場。以新分析工具開發的技術為基礎，未來或許能套用到其他場上也有非持球球員的賽事，像是籃球、曲棍球、美式足球等。」

話雖如此，木下和目黑由衷展現的微笑，說明了他們對新分析工具的關注不僅在

於商業規模的大小。「先不談錢，光是足球相對落後的國家日本透過科技向國外頂尖球隊建議足球隊的戰術，這份能耐就很了不起呀！」木下說道。換句話說，藉由了解科技、提供有價值的資訊，與足球先進國的著名頂尖球隊平起平坐。可以充分體會到面對新事物的挑戰，甚至在國外與人一較長短。「對於將運動與人工智慧結合的這項科技，資訊充分、見多識廣的外國球隊也看好未來的潛力。我們期待未來能在運動界開創出超越金錢的價值。」木下說著這番話時，眼中閃爍著足球少年般的熱情神采。

軟體銀行 SoftBank

5G×深度學習，即使是高品質影像也能即時模糊加工

軟體銀行針對使用新世代電信規格「5G」傳送的高畫質影像，開發出以人工智慧即時自動進行模糊加工處理的系統。運用能夠偵測出眼神、表情等細微特徵的深度學習技術特性。5G時代真正全面來臨之前，軟體銀行已經不再只是單純提供通訊線路，更摸索出各種應用程式，提供多項服務。

這個案例介紹的系統是設定電視台等戶外實況轉播時使用，與開發人工智慧的新創公司 Catalyna（東京港區）合作。目前只要是在戶外進行實況轉播，就必須有轉播車、專用攝影機等大張旗鼓的各類器材。但等到5G通訊服務正式開啟，可以傳送高流量影片，只要手邊有對應5G的攝影機，就能輕鬆上傳高畫質影片。

以模糊影像加工處理來確保隱私

為了避免發生意外狀況，播放即時轉播的影片時，電視台一定會事先檢查影片。因為必須確認內容安全才能播放，通常就算號稱即時轉播，實際上會有大約七秒鐘的緩衝。此外，影片中要是拍到人臉，直接播出有侵犯隱私之虞，就現況來說的確沒有任何因應對策。

如果能以人工智慧進行模糊處理自動加工，就能減輕電視台確認作業的負擔，並在即時播出時使用保護隱私的影像。這就是本項開發系統最主要的目的。

自動辨識人臉後進行模糊加工處理，或是讓系統事先學習有哪些不得播放的對象物，這麼一來人臉以外的內容也可進行模糊加工處理。

以 Edge AI 實現即時性

儘管如此，號稱「即時」，仍有兩秒左右的時間差。５Ｇ雖然是大容量高速率的線路，但４Ｋ、８Ｋ的高畫質影片仍然無法直接上傳。因此，必須先將這些影像資料

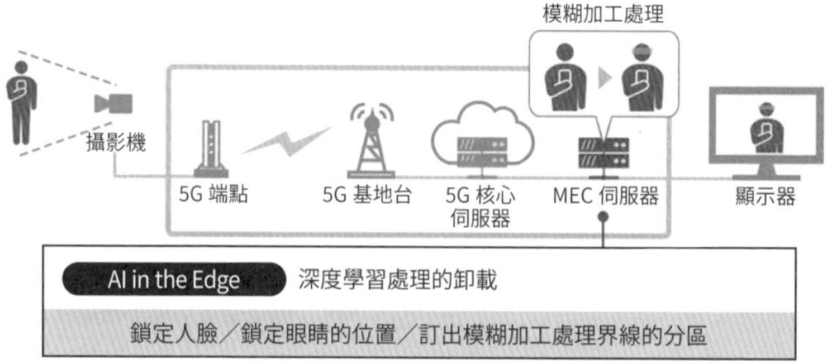
模糊加工處理
攝影機
5G 端點
5G 基地台
5G 核心
伺服器
MEC 伺服器
顯示器
AI in the Edge
深度學習處理的卸載
鎖定人臉／鎖定眼睛的位置／訂出模糊加工處理界線的分區

即時進行模糊加工處理

壓縮一次。

接著，從5G基地台發送的影像由5G核心伺服器接收。將壓縮的資料復原之後，再傳送到有人工智慧的伺服器上，進行模糊加工處理。然後經過編碼傳送到電視台，再次解碼。這兩次編碼與解碼作業難免要花點時間。至於以人工智慧進行模糊加工處理的，則是稱為MEC（multi-access edge computing，多接取邊緣運算）的伺服器。在接近端點的位置備有處理資料的功能，盡可能對應高速通訊。

「我們評估未來是不是能在全國持續推動設置的5G基地台每處都配備攝影機，推動使用在影像上的各項服務。這次開發的 Edge AI（人工智慧邊緣運算）就是未來發展的基礎。只要每座基地台都能設置 Edge AI，就能在短時間內進行各項處理作業。這也是在5G規格下才有辦法實現的技術。」軟體銀行尖端技術開發本部·尖端事業企畫部·尖端技術推進課課長山田大輔表示。

縮短到八十毫秒

人工智慧開發最辛苦的一點是讓高解析度影像具備即時性。Catalyna 董事營運長

（COO）田口英貴提出說明。

「敝公司擅長的是將需要Edge AI處理的作業精簡後高速化的技術。比方說，這次的需求是模糊處理加工的高速化，但如果是單單要辨識出兒童進行模糊加工處理，需要另外有辨識兒童的資料。由於這次沒有要求這些細節，我們判斷不需要這些資料。訂出需要哪些資料後，反覆調整，一點一點提升效能。」

結果辨識影像後針對需要的地方進行影像模糊加工，作業時間成功縮短到八十毫秒。但使用起來還是有點不太對勁。

實際體驗這套系統的模擬作業時，發現仍有一瞬間會播放出原本的人臉影像。也就是說，還需要進一步改善才能實際應用於播報第一線。

在開發上使用的是深度學習框架，Google的「TensorFlow 1.x」。目前正在評估最新的「TensorFlow 2.0」。此外，網路使用適合行動通訊的深度類神經網路「MobileNet V3」，積極引進各項新技術。

以5G×深度學習拓展應用領域

目前正評估將5G和深度學習這樣的組合運用於其他領域。例如，在工地現場用5G攝影機拍攝人員的工作狀況後傳送。以人工智慧即時分析影像，就能檢視是否保障安全或作業效率是否變差等。

此外，醫療方面值得期待的是5G在遠距醫療上的應用。使用5G線路以高畫質傳送病患的狀況，進而推動以人工智慧分析影像來協助診斷的計畫。

除了模糊加工處理之外，軟體銀行也構思另一項服務，就是即時分析影片中人物的屬性並運用於行銷。

藉由這種方式，從影像就能掌握每個人的性別、年齡等屬性。「可在熱點圖上看出一個人是怎麼移動的。目前想到的是在電子看板上顯示搭配個人屬性推出的廣告，或是在零售店家用這些資訊來改善賣場。」山田指出。

其他如遠端機器人操作或汽車自動駕駛等，這些5G上路後的運用方式也很值得期待，只是這些領域要求更精確的即時性。

「隨著相關技術持續開發，雖然克服了技術問題，仍有通訊規格整備、法律相關問題等其他層面的課題。未來將視這些進展，以及5G服務的運用方式，持續推動技術開發。」山田表示。

第三章

因應消費者的需求

樂天 Rakuten

想要無壓力說外語，運用外國影片播放服務造就的翻譯技術

以「Rakuten Translate」之名開發運用自動翻譯技術。推廣全球商務時，處處會遇到語言障礙。運用深度學習的自動翻譯可以一舉降低語言門檻。從電視劇對話的自動翻譯，到電子商務網站的商品資訊翻譯，甚至當作語言學習工具來使用，運用範圍越來越廣泛。

樂天致力於將深度學習運用於自動翻譯。在全世界推動商務時，各種不同語言的翻譯作業不可或缺。然而，需要的翻譯作業全部以人海戰術因應，所費不貲又費時。翻譯作業自動化可說是落實樂天業務必需的工具。

這項工具就是名為「Rakuten Translate」的自動翻譯技術。目前樂天集團已經實際運作這項技術，在影音串流服務 Rakuten VIKI 中用來翻譯電視劇對話等，可在大

量內容裡迅速提供字幕。其他如樂天市場將商品資訊翻譯為外文，或者是樂天旅遊的地理位置定位用語集，以及旅遊相關資訊的翻譯，還有樂天集團負責網路行銷事業的樂天 Insight 需要的多語市場調查等，都運用了自動翻譯技術。

翻譯用途越來越廣泛。新加坡國立大學等利用以樂天自動翻譯技術為基礎的語言學習工具，輔助學習外語。此外，可以設定一些具關鍵性的用法。比如限定公司內部傳閱的電子郵件、機密文件等，需要翻譯時若委外翻譯或運用雲端翻譯會有資訊外洩的風險，使用這項新工具以公司內部資源來自動翻譯就能降低風險。

豐富的正確「句對」是自動翻譯的重點

使用樂天自動翻譯技術最具代表性的成果，就是電視劇字幕。樂天於二〇一三年收購美國ＶＩＫＩ（現Rakuten VIKI）影片串流服務商後，在電視劇的對話等方面運用自動翻譯技術，達到超越專業譯者的成果。

ＶＩＫＩ提供的影音串流服務內容包括世界各國的電視節目、電影、音樂錄影帶等各類影片，收視用戶可以在智慧型手機、電腦、平板、智慧型電視等設備觀看。過去在ＶＩＫＩ是由義工負責翻譯，始終維持高水準的翻譯品質。將義工的翻譯替換為自動翻譯，就不需再等候義工的翻譯，能在作品上線的同時將已有字幕的影片提供給全球用戶。這樣不僅提高用戶的滿意度，連帶增加廣告收益。

為什麼 Rakuten Translate 能在ＶＩＫＩ上展現這麼好的效果呢？樂天執行董事暨樂天技術研究所代表森正彌表示，「深度學習的模型開發自然不在話下，另外，該怎麼配合模型準備資料集，這一點也很重要。我們花了很多心思製作資料集。」

要在Ａ語言與Ｂ語言這些不同語言之間以深度學習打造翻譯模型時，需要有Ａ語言與Ｂ語言正確的「句對」（sentence pair）。也就是必須準備原始語言與目標語言正確的配對資料集。ＶＩＫＩ上每幾秒鐘的電視劇影片會由義工更新句對。將這些當作訓練資料，就能達到高準確率的自動翻譯成果。目前電視劇的字幕製作已經達到與人工翻譯同等甚至更高的品質，不需要透過義工就能自動翻譯。

在新加坡開發模型並運用新技術

至於作為核心的深度學習模型，「結合多項技術。持續開發用於自然語言處理的遞迴神經網路（RNN）、因應時間序列資料的擴充RNN，也就是長短期記憶（long short-term memory, LSTM），目前使用的則是適合語言理解的一種RNN模型——Transformer 模型。」（森正彌）隨時掌握技術革新和深度學習趨勢，不斷進化，提升實際運作的效益。

深度學習模型製作等技術開發是由位於新加坡的樂天技術研究所執行。東京樂天在樂天集團平台作業上推動這些開發出的技術。

就研究階段來說，運用的是雙向 Transformer 模型的雙向編碼轉換器（bidirectional encoder representations from transformers, BERT）。森正彌提到，「BERT這種整體事前語言處理的技術現在廣受矚目，但翻譯領域用得還不多。現在我們運用在非主流的翻譯業務上，但已獲得實質成效。我們用來修正翻譯好的文章，也就是以BERT來修改自動翻譯的文章，顯而易見能提升翻譯的品質。」

自動翻譯在樂天各項服務中橫向發展

前文說過，樂天集團將VIKI發展出的這套新工具技術實際運用於集團各項服務，期待未來實際多方應用。設定這套系統並非為了ＶＩＫＩ開發的自動翻譯技術，而是要將自動翻譯這套工具橫向發展至各領域。

在樂天市場上的運用，就是「產品型錄」的翻譯。這份型錄是管理產品的基本資料庫，甚至可視為零售業務的生命線。

森正彌提到，「想要使用日本樂天市場的商品資訊在海外銷售，必須將產品型錄翻譯成外文。但並不是只要翻譯就好，還得考量地區特性等細節。例如日本的網站上有『免運費』這些資訊，但對國外銷售時並不適用。也就是說，需要判斷哪些地方要翻譯、哪些地方不必翻譯。新的工具可以因應這些需求，適合用在針對多語言市場的翻譯。」

除了樂天市場，還有一開始介紹的樂天旅遊，都在二〇一九年開始正式運用自動翻譯。

另一方面，教育市場也提供名為「VIKI Learn」的語言學習服務。「我們用翻譯製作字幕的技術為基礎，打造了語言學習工具。目前可因應三十五種語言，字幕則以雙字幕來同時顯示多種語言，準備各種方便學習的內容。除了從字幕選取單字，顯示字義和發音之外，還能列出那個詞彙在電視劇裡其他的用法。」森正彌說明。

事實上，目前新加坡國立大學使用這套系統作為韓語的學習教材，歐美國家也有其他大學導入。除了翻譯這項直接用途之外，因為能產生準確率高的數位對譯資訊，進而拓展新的內容，可以進一步應用於教育市場。

未來展望將即時翻譯與語音辨識結合

二〇一九年，開始以 Rakuten Translate 為基礎技術，發展運用多樣化的自動翻譯類型。樂天對於二〇二〇年後的深度學習和翻譯領域又設定了什麼樣的創新目標呢？森正彌認為，「其中一項是同步翻譯，希望二〇二〇年底能挑戰成功。」如果能即時翻譯，適用於簡訊翻譯的應用軟體就會更多元化。

另一項是與語音辨識結合。翻譯是全球化商務的一環，當然是非常重要的工具，但更重要的是與語音辨識結合。如果可提高語音辨識在實用上的準確率，例如電影、電視劇等數位內容自動進行語音辨識並轉換為文字資料，就可以進一步自動翻譯成其他語言。「語音辨識搭配自動翻譯，就能更加擴大數位內容的業務。」森正彌期許。

Rakuten Translate 已經達成電視劇對話等內容的高準確率自動翻譯，以這項技術加上資料集、專門知識為基礎，讓樂天集團各項業務中的「翻譯」作業處理更有效率。以自然語言處理為核心的樂天深度學習技術，未來將持續拓展適用範圍，成為支持該公司業務的有力工具。

日本雅虎 Yahoo! JAPAN

運用深度學習和行車記錄器，尋找附近便宜的加油站和有空位的停車場

雅虎運用人工智慧來進行影像辨識實測，連結實體與數位兩個世界。用一百三十輛物流車「抓取」（crawling）加油站即時牌價或投幣式停車場空位狀況等，加入數位化。實測過程中了解到邁向實用化所需面對的課題。

現在世界上到處是經過數位化的資料。與此同時，我們所處的實體社會也有各式各樣的眾多資訊。在街上看到大排長龍是在排什麼呢？有時就算智慧型手機在手，也無法了解眼前排隊的原因。因為數位與實體的世界仍有許多資訊未互通有無。

提供數位世界多樣化服務的日本雅虎，運用深度學習的影像辨識將實體世界的資訊數據化，推動提升未來的服務品質。第一步實施的是將停車場空位狀況或加油站即時牌價以行車記錄器影像來辨識的實測。

運用深度學習將實體資訊數位化

運用人工智慧辨識影像，結合實體與數位兩個世界。關於兩者之間的「牆」，日本雅虎搜尋統括本部搜尋平台開發本部的西岡孝章做了如下說明。

「雅虎的搜尋對象、地圖、車用導覽等使用的資訊都是線上的。地圖應用程式和車用導覽，這些服務的目標是為了改善人們的日常生活。既然如此，實體世界的資訊，而且是即時資訊，就非常重要。不過，現階段要找尋這些資訊並不容易。從數位端要了解實體世界的資訊，需要有能夠頻繁收集街道上資訊的網路爬蟲（crawler）。」

另一方面，邁向自動駕駛的時代，現在車上搭載了許多攝影機等感測器，可以收集到大量資料。如果能使用這些資料將實體世界的資訊數位化，藉由網路提供，將是一大商機。當然，亦將連帶大幅提升網路和智慧型手機使用者的方便性。日本雅虎使用深度學習作為橋梁，展開實測。

實驗分兩部分，包括測試藉由深度學習能將行車記錄器的影像辨識到什麼程度，以及收集資料提供服務時會面臨哪些課題。

前者是技術層面問題，後者屬於社會層面和商業層面的問題。不單是技術驗證，

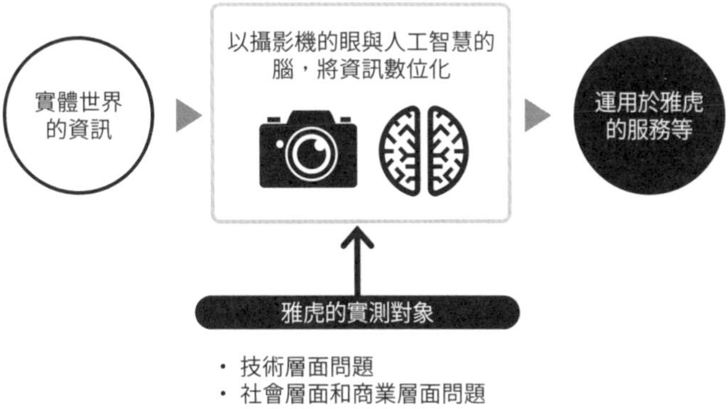

以行車記錄器將實體社會發生的狀況轉為數位資訊，用人工智慧分析，
把分析結果搭載於雅虎的數位服務

而是以普遍實用化為前提。

以行車記錄器為「眼睛」，使用深度學習來解析的對象有三項。「加油站牌價資訊」、「投幣式停車場空位狀況」，以及都會區街上的「限時停車格空位狀況」，也就是路邊用白線畫出來的計時器停車格。

網路上加油站牌價資訊的來源就是使用者輸入的資訊。投幣式停車場空位狀況也能由大規模業者來收集資料，但只能了解大約半數左右。至於有計時器的停車格，不僅能提供空位資訊，還能以PDF地圖來提供設置的場所。這些資訊都能由行車記錄器的影片來辨識嗎？二〇一八年十月十五日至二〇一九年三月三十一日，進行了一連串實驗。

以一百三十輛物流車在街道上「抓取」

行車記錄器搭載於ASKUL LOGIST（東京江東區）約一百三十輛物流配送車。該公司隸屬於雅虎子公司ASKUL集團。這些車輛負責將貨物從配送中心運送到個人住宅，範圍涵蓋近半個東京都。

汽油牌價以深度學習來進行影像辨識

負責開發服務的搜尋統括本部政策企畫本部的兵藤安昭表示，「我們用這一百三十輛車來驗證，究竟需要多少輛車才能確保獲得所需的資訊。至於行車記錄器，使用的是一般業務的通用款式。特地挑選一台機器符合所有功能的產品。」

行車記錄器選擇採用 Android 作業系統的機種，容易載入程式。以裝載在行車記錄器ＣＰＵ上的深度學習引擎來分析拍攝到的影像，並建立模型。然而，西岡指出，「行車記錄器不易散熱，常常沒多久就過熱而中止，使我們沒辦法進入行駛測試。」

另一方面，所有影像都要傳送到伺服器也是一筆成本。於是，事先將加油站、投幣式停車場和計時停車格等地點登錄在地圖上，只將這些地點的影像資料上傳到伺服器。「從個資保護的觀點來看，人臉和車牌等資訊在伺服器接收時就先清除，只留下需要的部分來分析。」（兵藤）

使用不同的模型來提高準確率

事實上，深度學習的分析在三個對象使用的是不同的模型。

在投幣式停車場空位狀況分析方面，使用的是相對上傳統舊有的兩階段偵測。這項手法先偵測出空位資訊的標示，再辨識顯示的「滿」、「空」、「P」等狀態。這裡會有問題的是以發光二極體（LED）顯示時出現閃爍，或是標示過小。

靜態影像中LED有時會熄滅，以動態影片來分析就能解決閃爍的問題。此外，一般來說40公分×40公分左右的狀態標示，從行車記錄器影像整體來看還是太小，就高畫質（HD）影像而言解析度不足。實驗中了解到必須是全高畫質的資料才行。

即使如此，投幣式停車場的標示種類模式較少，分析難度相對低。三個月左右就達到約百分之七十的辨識準確率。

至於加油站牌價資訊，和投幣式停車場一樣使用兩階段偵測，再調整深度學習模型持續最佳化。相對於投幣式停車場的空位狀況顯示，加油站標示牌價的看板尺寸更參差不齊。此外，有些採取數位顯示，有些仍是磁鐵吸附的文字看板，其間的差異也會影響辨識。

普通、高級、柴油等種類也要檢測出來。此外，加油站數量少，不容易收集學習資料，得花上一段時間才能提升準確率。最終的準確率，不包含油品種類的牌價資訊約百分之七十，包含油品種類也超過百分之六十。

另一方面，計時停車格的空位狀況辨識與投幣式停車場大相逕庭。由於並無顯示

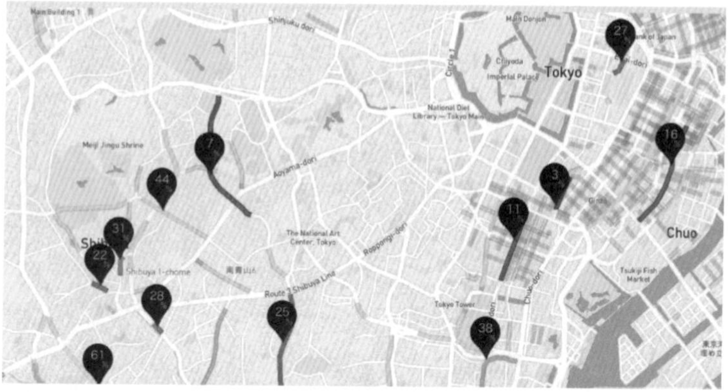

將計時停車格空位狀況以百分比顯示在地圖上（地圖資料提供：©MapBox、©OpenStreetMap）

空位狀況的看板，必須偵測出標示停車位置的白線，並判斷是否有車輛使用。若使用兩階段偵測，要辨識白線格子並非易事，很難提升準確率。

因此，藉由採取更新的手法「single shot」（單次偵測），準確率可提升至百分之八十。「事實上，即使對人來說，辨識計時停車格的白線都是一項困難的任務。從這項實驗可以知道，比起人工目測，用深度學習來執行這類任務更容易獲得高準確率。」（西岡）

邁向普及實用化，課題也逐漸明確

隨著邁向實現自動駕駛社會，相關研究越來越多，當然也有不少研究行車記錄器影像辨識實用化的論文，技術面的驗證亦大致堪稱順利。

儘管如此，西岡提到，開始評估以深度學習來辨識投幣式停車場的空位狀況時，「符合的論文不太多，卻有很多專利申請。投幣式停車場的空位狀況偵測本身並不是新創見，但縱使有需求，過去卻沒什麼人研究。而這樣的領域還有很多。」

此外，從實驗得到的感想是，註記（annotation）作業是關鍵。西岡指出，在訓練影像上加標籤的註記作業品質，將深刻影響深度學習辨識的準確率。他舉例說明。

「一開始進行註記時，行車記錄器使用的是高準確率的攝影機。但真正進入實驗時因為安裝的多數攝影機功能不同，影響了辨識結果。這次讓我們學到，在實際的使用環境中製作註記才是捷徑。」

雅虎要推出這項服務，還有不少實用層面的問題。其中之一是資訊的更新頻率和用途。使用ASKUL LOGIST約一百三十輛配送車、範圍涵蓋大概半個東京都的實驗中，每天跑兩趟同樣的路徑。

「加油站標示的牌價大概每星期更新一次，因此就實驗對象範圍來說，一百三十輛配送車可以隨時獲得最新資訊。但如果要將範圍擴大到整個東京都，就得再增加車輛。」兵藤評估。

一天獲得兩次資料稱不上即時

至於投幣式停車場和計時停車格，若是一天取得兩次資料，稱不上是即時。雅虎從統計資料判斷，確定建立的模型能顯示每週哪一天、上午、下午、夜間等時段的空位比例預測。然而，如果要求即時性，就需要投入更多車輛。

兵藤提到，「增加車輛是導入與實體世界的交集時最大的課題。除了要降低設備和通訊的成本，也需要評估已設置行車記錄器或車用攝影機廠商間的合作。當初考量駕駛安全裝設的行車記錄器，希望未來也能兼顧雅虎即時偵測之用，至於成本就雙方共同負擔。」

至於最終目標，兵藤表示，「希望將實體的狀況自動數位化後，作為資訊提供。而且不需要全部倚靠人工智慧。只要人工智慧將實體世界中有特徵的地方擷取出來，其他由人工來判斷就行了。」透過人工智慧與人類的合作，或許今後看到街上有人排隊時，利用雅虎的服務或上網就能立刻了解個中原因。

SMBC日興證券 SMBC Nikko Securities Inc.

了解股票投資組合的更換方式，讓總資產變成十三倍的機制

SMBC日興證券提供運用深度學習開發的協助投資服務「AI股票投資組合診斷」。服務上線半年來，用戶人數已經成長到四萬人。人工智慧會為一個月之後的股票預期收益評分，配合客戶持股提出適當的投資組合建議。由人工智慧提議個股的協助投資服務，在日本是首次推出。人工智慧建議的股票投資組合，能發揮多少實力呢？

這套系統是與人工智慧開發新創公司HEROZ（東京港區）共同合作開發。在SMBC日興證券可選擇兩種方案，一是顧客有專屬負責人並提供建議的「綜合方案」，另一種則是由顧客自行判斷之後直接上網進行股票交易的「Direct 方案」。「AI股票投資組合診斷」是針對「Direct 方案」顧客推出的免費服務。

「選擇『綜合方案』的客戶，我們可以因應得面面俱到，但仰賴自行判斷進行交易的『Direct 方案』客戶，未必能隨時獲得協助，很多人因此不再投資。這次我們最大的目標就是希望利用人工智慧來解決這個問題。」ＳＭＢＣ日興證券直效通路事業部長丸山真志表示。他進一步指出，自二〇一九年三月二十九日服務推出後，已有四萬名客戶使用。

以排名方式預測一個月後的預期收益

無論是首次投資的客戶或已經持有股票的人，都可以使用這項服務。投資新手可選擇投資金額、想買的一檔股票，以及作為對象的目標市場。最後再設定股票投資的積極程度，也就是保本優先或積極運用，從投資態度來設定風險容許度。接著，靠人工智慧來提議除了先前自選之外的另兩檔股票。換句話說，這是一套包含三檔股票的投資組合。

這套系統最多提出三種模式，如果不喜歡人工智慧一開始的提議，也可以選擇其他建議。至於已經有持股的用戶，事先登錄目前的資產，然後和前者一樣，設定追加投資金額、對象市場和風險容許度之後，系統會建議再平衡（rebalance）後的投資組合。SMBC日興證券管理的股票可以自動同步，如果是在其他證券公司管理下的股票，也能手動登錄。

「將一個月後的預期收益以排名的形式列出預測結果來提出建議，這麼一來，最少會有一個月一次再平衡的機會。」丸山表示。

以過去的資料測試，總資產變成一二點九九倍

話說回來，人工智慧提議的投資組合究竟可以信任到什麼程度？丸山說明這套系統的實力。

「我們用二〇一〇年十二月一日到二〇一九年二月一日的資料來測試。把採用這個架構的人工智慧提出的前十檔股票，製作成投資組合，比較操作後的資產總額，最後成長到高達一二點九九倍。若全額在日經平均指數操作，則是二點零九倍，效果顯而易見。」

該公司當初和負責開發人工智慧的HEROZ是在「SMBC Brewery」結識，這

資產的變遷

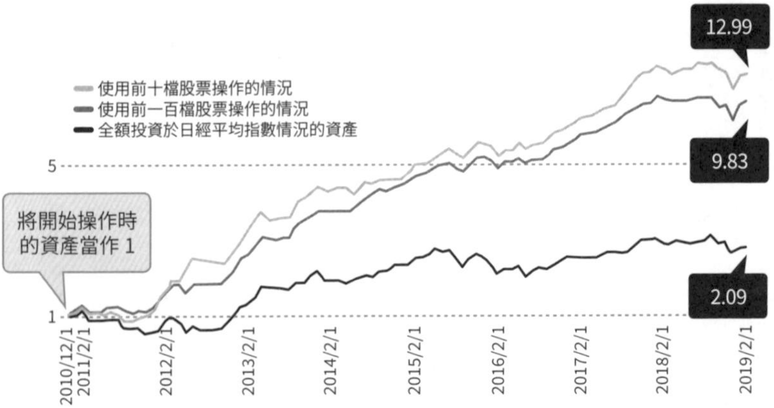

模擬條件

- 由人工智慧推薦的前 N 檔股票以等量金額為基準來調整投資組合
- 為了避免流動性低的股票，市場上整體交易金額為後百分之二十的股票不列入組合選項
- 每個月底調整投資組合再平衡
- 不考量交易手續費和稅金
- 預測模型於每年一月和七月更新

是三井住友金融集團主辦的一個開放式創新工作坊專案。HEROZ的高層不少人曾任職NEC。這間公司不僅擁有優異的人工智慧開發技術，另一項吸引人之處是熟知大企業的「作風」，能用共同的語言來溝通。

「AI股票投資組合診斷」的開發運用了深度學習。以十多年來的所有上市股票股價資料和結算資料來學習，總金額高達數億日圓。

「在考量本益比（PER）、股東權益報酬率（ROE）等各式各樣因素的情況下，要從結算資料與股價的複雜組合中找出『答案』，我認為這是因為有深度學習才辦得到。靠人工是無法處理的。」HEROZ的工程師棚橋誠說明。

究竟什麼樣的演算法讓總資產十年翻漲十三倍？棚橋回答：「細節無可奉告。」他能透露的只有一點，「如果要預測一個月之後的股價，上限值參差不齊而發散，統計處理非常棘手。不過，如果是用預測預期收益的排名，馬上變得很容易學習。」

深度學習擅長掌握非線性

除了「AI股票投資組合診斷」之外，二〇一九年七月二十六日開始也提供

「AI股價監看服務」。這項服務是由人工智慧預測一星期後的股價走勢，通知賣出時機。開發這項人工智慧使用的是機器學習而非深度學習。

「股價監看服務中每檔股票有各自的模型，相對比較單純，採用機器學習也能達到足夠的準確率。以道瓊工業指數三十家企業平均值和雇用統計等，用人工智慧來判斷這檔股票會受到哪些因素影響後，自動產生模型。另一方面，在股票投資組合診斷上，每一個模型都需要分析所有股票，相對複雜。例如，即使本益比相同，股價有時上漲、有時會下跌，代表本益比與股價之間呈現非線性關係。深度學習非常擅長掌握這類非線性關係。」棚橋說明。

未來將評估應用這項技術，發展出針對投資信託、債券等股票之外的服務。「以汽車領域來說，過去開始加裝動力方向盤或空調的時代，光是講到『哇，這輛車有動力方向盤』就是引人注目的話題。但現在成了理所當然，也沒人特別注意。同樣地，現在眾所矚目的人工智慧，未來運用在股票投資領域想必也會成為理所當然。」丸山對於人工智慧的廣泛運用表達期待。

第四章

改革勞動方式

荏原環境設備 Ebara Environmental Plant

取代垃圾焚化「熟練操作員的雙眼」，提升五倍效率不讓靜脈產業斷絕

荏原環境設備（東京大田區）從事環境、能源相關設備的設計施工和維護管理，主要以廢棄物處理事業為主。在垃圾焚化設施上，開發了以人工智慧來取代「熟練操作員雙眼」的自動吊車設備。實驗證明，相較於過去的自動吊車系統，燃燒穩定性幾乎一致，效率卻提高了五倍。此外，已經證實有害物質比過去自動運轉時期少。

荏原環境設備受託設計、建造、營運千葉縣船橋市北部清掃工廠垃圾焚化設施，合約為期二十年，二〇一七年四月開始營運。以這座設施作示範，二〇一八年十二月進行兩次分別為期六天的實驗，證明比過去的自動吊車系統效率提高五倍。

垃圾焚化廠會先將垃圾車收集運來的垃圾投入垃圾貯坑，用吊車進行攪拌，然後抓起垃圾投入焚化爐。由此可知，吊車系統的運作在穩定燃燒垃圾上扮演重要角色。

汙泥、樹枝、裝袋垃圾，由操作員目測選別

汙泥、樹枝、大型垃圾，投入貯坑裡的垃圾形形色色。有時投入量也會降低燃燒效率或影響設備。例如，若有大量發熱量高的巨大垃圾破壞物或發熱量低的汙泥，都會造成焚化爐內的溫度劇烈變動，影響燃燒效率。此外，樹枝太多也會導致樹枝卡住焚化爐投入口，使垃圾堵塞。

至於裝袋垃圾，由於需要視垃圾的性質和狀態事先均質，必須破袋後才能焚燒。針對這類垃圾，以往是靠操作員先以目測識別再操作吊車。為了讓這項操作業務更省力，需要引進自動識別垃圾的技術。

直覺是只能靠深度學習

因為前述原因，採取了深度學習的技術。二〇一六年左右，該公司開始推動共同基盤本部主導的垃圾焚燒設備自動化計畫，最先投入心力的是吊車系統操作自動化。共同基盤本部基盤技術部長橫山亞希子表示，「在垃圾識別上，靠只用區分顏色或外型的傳統影像處理比較困難，這類對象正適合運用深度學習。」於是，他們列出人工智慧新創公司，從中篩選出十家，最後獲得 Ridge-i（東京千代田區）的協助，這家公司在業界以影像解析技術聞名。橫山表示，「開會時感受到對方設身處地的應對，感覺值得信任，成為最後決定合作的關鍵。」

實際開發垃圾識別的人工智慧時，首先由熟練操作員協助，針對拍攝到的影像標註樹枝、汙泥等各類對於燃燒效率和設備造成不良影響的垃圾。接下來，將這些影像和對應的標註當作訓練資料，開發出藉由深度學習從影像推測標註的人工智慧系統。「我們採取的技術是稱為『語義分割』（semantic segmentation）的手法，這項技術也用於汽車自動駕駛的開發。」橫山說明。這是將影像分解到每個畫素程度來辨識的技術。

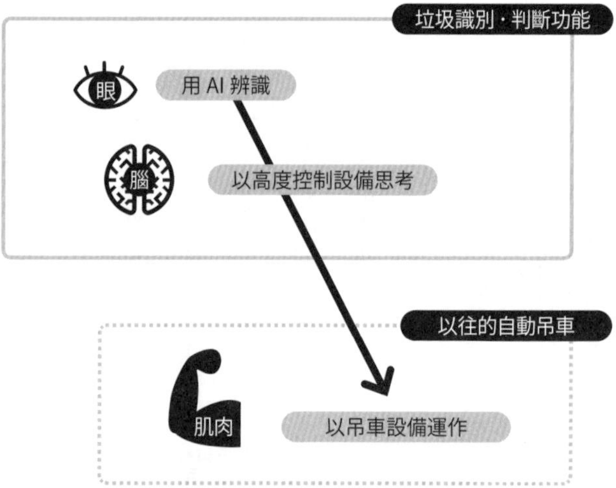

本次開發的自動吊車系統概念

重現熟練操作員的雙眼

這套系統的重點在於開發出的人工智慧是否能順利重現熟練操作員的雙眼。因此，採用F1分數（F1 score）*來驗證人工智慧對之前的影像推測結果是否正確。通常人工智慧推測的評估指標分成召回率（recall rate）和精確率（precision rate）兩種。所謂召回率，係指「在真正的樹枝之中，人工智慧推斷是樹枝的比例」；至於精確率，則是「人工智慧推測是樹枝之中，實際為樹枝的比例」。

話說回來，由於兩者有抵銷的關係，因此使用加權兩者準確性的綜合指標作為調和平均數（以下稱F1分數）。在這個分數中若將召回率和精確率兩者為1時設1，召回率即使0.9，若精確率0.3，F1分數是0.45，人工智慧推測的結果評估為適當。以各個評估用影像來說，各種垃圾用F1分數評估的結果，中間值是0.66～0.94，表示可在穩定且高準確率下辨識。

*譯注：量測方法精確度的常用指標，常用來判斷二分類模型的精確度。

以實地測試來驗證實用性

自動吊車系統運用了開發的垃圾識別人工智慧，概念是要讓新開發的人工智慧與以往的系統連動運作。人工智慧辨識並識別貯坑裡的垃圾，再由該公司自行開發的高度控制設備根據辨識結果來決定貯坑裡哪個地方的垃圾需要投入焚化爐、哪些需要攪拌，然後進一步操作吊車系統。

為了確認這套系統能實際應用於吊車系統業務，且能自動運作，特別獲得船橋市的協助，二〇一八年十二月在北部清掃工廠的垃圾焚化設備實地測試。實驗共進行兩次，每次為期六天。結果證明能夠順利運作無礙。

實驗成果有兩項。第一是垃圾投入焚化爐的作業，由熟練操作員手動操作和使用自動吊車系統運作，兩者的燃燒結果沒有太大差異。「蒸氣量變動、一氧化碳濃度、氮氧化物濃度，以及對燃燒狀態造成的影響並不顯著，確定了自動吊車系統可以非常穩定運作。」（橫山）

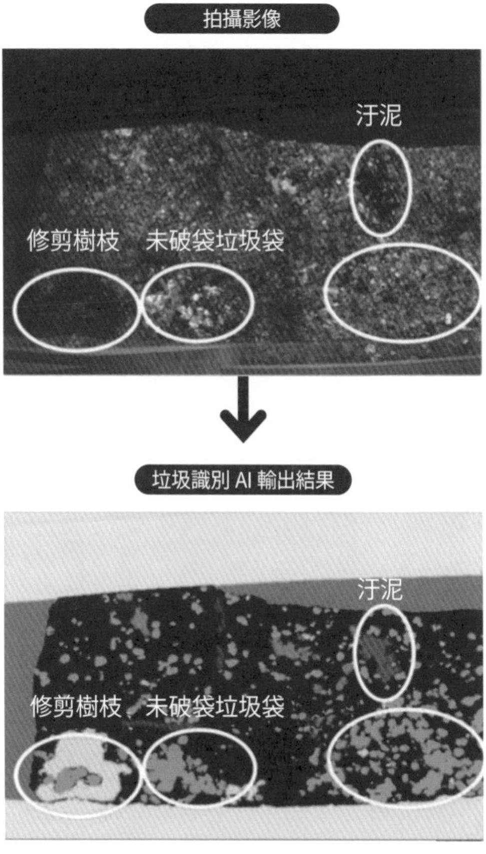

垃圾識別 AI 判斷垃圾種類的結果

二〇一九年春季接受新訂單推動橫向發展

另一項成果是證實了自動運轉顯著提升效率。在第二次實驗中，六天共計八千六百四十分鐘裡，自動運轉的時間為七千七百四十六分鐘，占百分之八十九點七。橫山說明，「導入人工智慧之前，自動運轉的時間大概是百分之十六左右，但導入能夠辨識、識別垃圾的人工智慧後，可以達到約百分之九十的自動化。證明了能夠實現大約五倍以上的效率。」至於自動運轉之外的時間，因應一些不緊急的狀況，像是想避開的特殊垃圾，由操作員以人工作業來分散。

不需要吊車操作員隨時監控，日夜自動運轉。一旦順利實際自動運用，便證明可以讓作業更省力。目前這項成果也開始應用在其他設施。橫山表示，「二〇一九年春季承接的包括為期二十年營運的ＤＢＯ（design build and operate，設計、興建、營運）案也適用，正推動橫向發展。」包括垃圾焚化設備的設計、興建和二十年的長期營運都承包下來，業務規模數百億日圓。因此，估算起來人工智慧系統的開發費用可以完全回收。橫山期許，「未來除了吊車系統的自動化之外，我們還希望讓包含焚化爐的整體設施運轉都能自動化、效率化。」

Unifa

以深度學習技術自動排除幼兒「NG照片」，協助解決幼兒園課題

鏡頭晃動、失焦、大哭表情、換尿布等，這些看起來不適合在幼兒園發表的照片，運用深度學習技術自動偵測出來，可以減輕園內老師的工作負擔，進而改善勞動環境。這項自動偵測功能在二〇一九年七月時約有兩百間幼兒園採用，每間幼兒園每月平均拍攝一千張照片，甚至多達超過一萬張。未來穿戴式攝影設備（幼兒園老師掛在脖子上的攝影機，定時自動拍攝）普及的情況下，相信照片張數會更多，更需要對策因應。

「運用深度學習來解決幼兒園業務方面的課題。」

聽到這句話，或許很多人有些疑惑幼兒園與深度學習有多大關聯。Unifa（名古屋市）提供各項運用資訊科技的服務，協助幼兒園解決形形色色的問題，近來開始引

進深度學習運用於服務中。具體內容是針對「從拍攝學童的大量照片中篩選出不適合公開的照片」這項業務，提升效率。

Unifa 提供多項服務，內容都是以資訊科技解決幼兒園和教育第一線的溝通問題。例如，以貼身穿戴感測器來偵測「趴睡」、「停止身體活動」的「Lookmee 午睡偵測器」、提升每天量體溫作業效率的「Lookmee 體溫計」，以及將學童無可取代的成長過程拍攝成照片提供給家長的「Lookmee 相簿」等。

運用深度學習的是「Lookmee 相簿」服務。這項服務基本上是由園方老師以智慧型手機等設備拍攝學童照片，就會自動將照片上傳到雲端，之後可在 Unifa 針對家長設立的智慧型手機網站上銷售。家長只要事先登錄過學童的照片，之後系統就會以人臉認證功能自動篩選出有該學童的照片。過去的做法是將照片列印出來刊登在幼兒園，由家長挑選出自家兒童的照片，填寫訂購單，園方收集好之後與業者接洽，因此會有一連串作業。如果使用 Lookmee 相簿，原則上老師只需要拍攝照片即可。

這項服務確實明顯提升作業效率，但仍有問題待解，就是拍攝的照片需要篩選。「比方說拍到大哭的表情，或是鏡頭晃動，這些不適合銷售的照片必須仰賴幼兒園老師目測區分。於是我們想到用深度學習打造辨識影像的模型，讓判斷ＮＧ照片的作業自動化。」Unifa 系統開發本部研究開發部部長淺野健二說明。

提升業務效率當然也有助於減輕園內老師的精神負擔

無論是否使用 Unifa 的 Lookmee 相簿，篩選學童照片都會成為園內老師的工作負擔。對於將孩子託放在幼兒園的家長來說，孩子每一天的成長過程大部分在幼兒園內發生。從日常不經意的表情，到學爬、嘗試踮腳站立，到學會吃副食品等成長中的重要時刻，家長很可能無法直接參與。因此，幼兒園會拍攝大量照片，提供給家長見證孩子的成長過程。

淺野說明，「幼兒園之間各有差異，但一般來說每個月會拍一千張左右照片，多的甚至拍了一萬張。但即使是園內老師拍的照片也會有兩成左右是失敗的，必須篩選出來。幼兒園老師平常要照顧學童，業務繁忙，還要抽時間來篩選NG照片，連帶在精神上負擔很大。」

因此，為了將篩選NG照片的作業自動化，決定選擇運用能在影像辨識上發揮很大成效的深度學習。只要能打造出判斷照片是否適合銷售的深度學習模型，就能解決

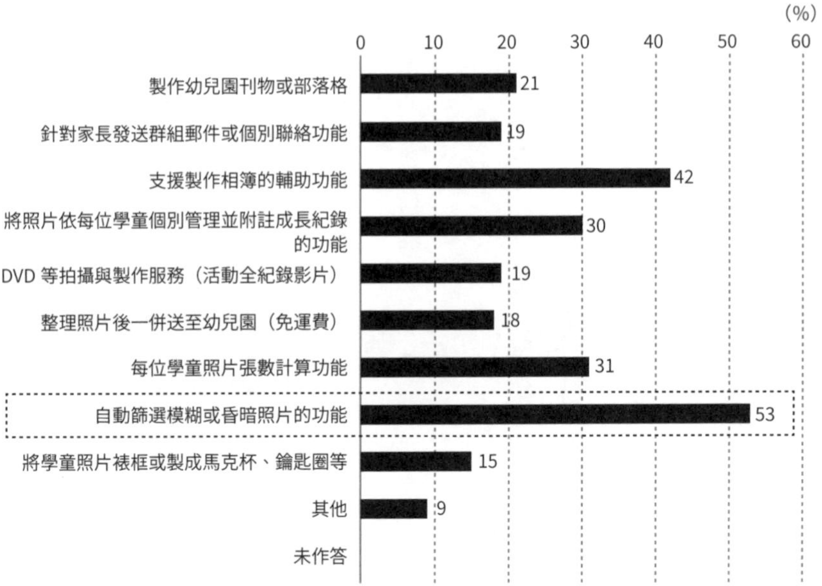

幼兒園內照片銷售相關需求調查結果（Unifa 調查）。
顯示希望自動篩選出不適合公開或銷售照片功能的意見較多

這項難題。接下來，Unifa 更計畫連拍攝也不需由園內老師處理，而在老師圍裙上加裝小型攝影機來自動拍攝。如果能從拍攝、篩選到上傳的一連串作業都順利自動化，幼兒園老師不需要大費周章處理銷售照片業務。自動拍攝時拍攝的資料數量龐大，而且預估失敗的照片會高達七成，一定要有深度學習自動篩選的功能。展望 Lookmee 相簿的未來發展，也需要開發深度學習的自動篩選模型。

用十七萬筆資料來學習，試誤中摸索模型開發

日本全國約三萬間幼兒園，目前其中四千至五千間使用 Unifa 提供的服務，即使只看 Lookmee 相簿這項業務，用戶也超過兩千間幼兒園。換句話說，已經累積大量影像資料。不僅如此，從過去提供服務的績效也能篩選出適合銷售與不適合銷售的照片，可說準備了足夠的學習資料。

在深度學習模型開發上，軟體函式庫使用的是 Google 開發的「TensorFlow」，網路使用的則是影像應用用途具代表性的十六層卷積神經網路「VGG16」。準備的影像資料集約十七萬筆，六成作為學習，兩成用於網路評估，剩下兩成用來評估辨識準確率。

分類NG照片提升準確率

進行學習系統測試時，發現很難順利分類出OK與NG的照片。淺野解釋，「由於在過去的資料上標註了OK與NG，我們以為這樣就可行，結果辨識率只有六成上下。初步研判是訓練資料影像不足，追加之後也沒有太大效果。經過多次試誤，最後才知道要將NG照片分成多類。」

若將不適合銷售的NG照片全部當作一個集合體來看待，NG的原因過於多樣化，將使得深度學習判斷的結果「模糊不清」（淺野）。若能進一步詳細分類NG的狀況，辨識率就能提升到八成。NG的理由可分成「失焦」、「搖晃」、「逆光」、「無意義（看不出拍到什麼）」、「沒拍到臉」、「粗糙（解析度低）」、「其他（裸露或哭泣表情等）」七類。這麼一來，NG照片的篩選就很明確，以結果而言，亦能藉由高準確率篩選出OK照片。而要提高準確率，必須追加一項作業，就是在原本已有的OK、NG標註之外，再以人工標註七類NG。

至於篩選的原則，淺野說明，「由於這些照片都是孩子可貴的成長紀錄，既然拍下照片，我們希望盡量放寬OK的標準，不要被歸類為NG。」目前除了持續改善深度學習模型，提升準確率，也盡快改善第一線面對的課題。採用深度學習的自動篩選，二〇一九年四月開始實際運作，到二〇一九年九月時約兩百間幼兒園採納使用。淺野回顧，「起初六成左右的辨識率，第一印象是『這沒用吧』。不過，到了八成變得『多少能用哦』。如果能提高到九成五，就能自信滿滿地提供給用戶了。不過，要是一開始就設定這個目標，得花上很長時間才能提供服務。於是我們決定採取在八成時讓服務上線，接下來持續改進新的資料和模型，不斷提高準確率。」說明近況的同時也展望未來。

為了進一步提高準確率也著手改善模型

接下來為了提供包括攝影都不需假手幼兒園老師的全自動照片銷售服務，必須提升採取深度學習自動篩選的準確率。淺野提出兩種改善方式。

改善方式之一是改良深度學習的模型。將目前使用的ＶＧＧ16嘗試換成具代表性的ＣＮＮ模型，如ResNet、Inception、Xception等，期待藉此提升準確率。此外，觀察目前的分類狀況後，淺野表示，「不少情況是明明沒拍到兒童，卻誤判為拍到了。

我們希望並用人物偵測模型與NG自動檢測模型，相信可藉此提高準確率。」

另一項改善方式是模型輕量化。目前的做法是將拍攝到的所有照片上傳到雲端，然後由深度學習來自動偵測過濾。因此，不僅資料的傳輸和處理需要花費成本，也欠缺即時性。如果能將深度學習自動偵測過濾的模型輕量化，實現搭載在邊緣裝置的邊緣深度學習，就能解決成本與即時性的問題。就算全程在邊緣裝置上進行有困難，如果能在邊緣裝置上處理一部分，分擔雲端的作業，應該會進一步提高服務的自由度。

此外，即使累積了大量照片，要實現從自動拍攝到自動偵測篩選一連串作業，還是有資料不足的問題。淺野說明，「比方說換尿布、上廁所，或是兒童哭泣的表情等，過去因為人工拍攝的關係，能當作學習資料的照片數量不夠。不僅要累積更多的NG資料，也要用來讓模型學習。至於要進一步提升準確率該從哪裡著手才好，現階段仍在討論。」

這項服務最終目標是希望促進兒童與家長之間的互動，讓家中充滿笑意。因此，運用資訊科技讓幼兒園和老師的業務更有效率，進一步提供更好的育兒服務。對Unifa來說，人工智慧與深度學習只是達到目的的工具，然而，利用自家公司學習到的技術來提供更迅速的服務，並且提高價值形成差異化，對企業而言意義非凡。

NTT DATA Getronics

員工餐廳採自動結帳，減少人事費用同時提高員工滿意度促進社內活絡

對員工來說，員工餐廳不僅是填飽肚子的地方，更是稍事休息、為午後充電的場所。為了讓結帳流程更順暢，過去有運用無線射頻辨識（radio frequency identification, RFID）的案例，但因對象容器受限，無法隨意使用個人講究的餐具。NTT DATA Getronics 為員工餐廳特別開發出結帳系統「Cool Regi」，新增由深度學習進行影像辨識的自動結帳功能。如此一來就不必限制餐具。雖然這算是「自己人」的內部業務，仍有NTT的三個研究所實際納入採用。

NTT DATA Getronics 是提供解決方案服務的企業，業務從顧問諮詢到系統開發、運用、維護。公司創立於一九六一年，原是義大利資訊科技公司 Olivetti（中譯名「好利獲得」）的日本法人，現在則是NTT DATA與 Getronics 合併的企業。該

公司提供專為員工餐廳設計的結帳系統，並且加入以深度學習來辨識餐具，自動精算結帳的功能。

這套新結帳系統提供三種版本：「人工版」、「自助版」、「自動版」，運用深度學習的是自動版。最基本的版本是由人員結帳的「人工版」，加入使用者自行計算的功能就成為「自助版」，追加自動計算結帳則是「自動版」，有多種版本供選擇。

自動版是使用者在用餐後將餐具放到托盤上，到結帳櫃臺把托盤放在指定場所，螢幕上就會立刻顯示出吃了什麼。使用者確認後只要出示電子錢包等裝置，就能在極短時間內完成結帳手續。究竟為什麼要在員工餐廳採取使用深度學習的系統呢？

以深度學習來解決員工餐廳面臨的社會課題

從幾個層面來看，就能了解員工餐廳結帳系統需運用人工智慧等高科技的背景。例如，無現金結帳的趨勢、結帳櫃臺人手不足、用餐尖峰時間快速處理結帳等。另一方面，推動高效率的同時仍需要提供用餐員工賓至如歸的服務。

該公司負責新系統的業務企畫，任職於ＩＳ解決方案事業本部業務企畫室的數位業務負責人渡邊聰表示，「過去很多員工餐廳使用員工識別證或現金來支付，不過最近除了持有識別證的員工之外，其他像是合作廠商等外部人士也會到員工餐廳來用餐。光靠識別證來支付已經不符合現況需求，使用現金也會增加管理上的負擔。用感應式ＩＣ卡之類結帳的無現金支付需求越來越多。」

這套新系統與「Suica」等交通類ＩＣ卡，以及ＮＴＴ ＤＯＣＯＭＯ的信用卡結帳系統「iD」相容，可順利因應無現金電子支付。

運用ＲＦＩＤ必須使用塑膠餐具

有些附設員工餐廳的辦公室地點，所在區域其實不容易找到計時人員來負責午餐時段的收銀工作，造成現況是收銀人手不足。此外，員工餐廳在中午用餐時段會有職員集中用餐。以一天五千份餐點來計算，尖峰時間大概十分鐘需要結算兩千人份。想在不增加人手的情況下達成快速結帳的目標，自動化結帳是一項解決方案。

因為這樣的背景，有一定比例使用ＲＦＩＤ。迴轉壽司連鎖店也採用這種方式，以便短時間內順利讀取資料。然而，仍然必須面對其他課題。渡邊說明，「使用將

ＲＦＩＤ標籤貼在餐具上的方式，讓人擔心黏著面上滋生細菌等衛生問題。此外，如果要使用內建ＲＦＩＤ標籤的塑膠材質餐具，餐具的選擇又會變少。」

近年來，員工餐廳不再只是補充營養的地方，更是讓員工稍事歇息、享受片刻的場所。甚至有些公司提供非常豪華的菜色，專程請來壽司師傅提供現做的壽司。盛裝的餐具也別具風格，讓用餐成為更愉快的體驗。

在這樣的需求下，內建ＲＦＩＤ標籤的既有塑膠材質餐具當然無法滿足。該如何讓員工自由使用喜愛的餐具，又不耗費人力，順利採用自動結帳呢？從某個角度來說，這時自然而然會想到以深度學習辨識影像的方式來解決。

當然，仍有課題要面對。自由使用餐具，能達到高辨識準確率嗎？結算所需的時間和總成本，與ＲＦＩＤ方式相比更有利嗎？該公司在ＮＴＴ持股公司員工餐廳系統更新時，提出開發運用深度學習的「自動版」系統。

餐具的資料「不足」

以深度學習來辨識員工餐廳餐具影像的系統，其實不如想像中簡單。該公司ＩＳ

解決方案事業本部ＩＳＳ開發部的木村洋介提出說明。

「首先我們遇到的課題是，深度學習中需要的餐具影像學習資料不足。料理的照片在網路上非常多，但換成餐具的話，影像資料一下子變得很少。此外，每間餐廳使用不同的餐具，要因應的數量很多。況且即使是同一件餐具，也需要準備包括光線、距離等不同狀況下的多筆影像資料。」

實際的做法是直接收集餐盤、碗、茶杯、湯匙、筷子、紙巾等結帳時會放在托盤上的餐具，每種拍攝了一千張左右的各款照片，整個拍攝作業都是在北京進行。

採用 MobileNet-SSD

使用新系統的電腦沒有內建圖形處理器（ＧＰＵ），屬一般規格的產品，性能並不高。另一方面，需要有不遜於ＲＦＩＤ系統的辨識速度。於是，該公司採用模型尺寸較小，而且可期待有高準確率的卷積神經網路「MobileNet」。剛開始一個模型要辨識托盤的影像和托盤上的餐具，辨識率在百分之八十上下，無法如預期繼續提升。

「經過分析得知，以一個模型來辨識的話，訓練資料不夠。於是，將偵測物體與

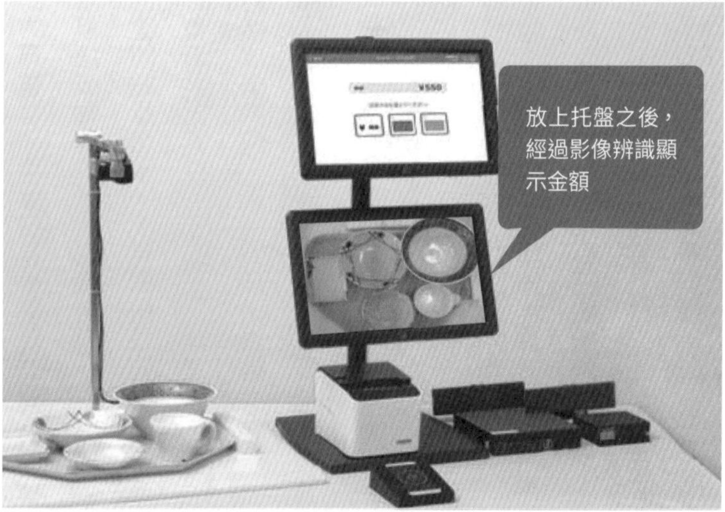

托盤上各項餐具的辨識結果

餐具辨識的模型分開，變成辨識切割出來的餐具，以兩階段構成。這麼一來，辨識率就提高了。」木村說明。

至於偵測物體的模型，研究特化模型的結果，決定採用在偵測物體演算法ＳＳＤ加上 MobileNet 的「MobileNet-SSD」。以接受餐具辨識的 MobileNet 為基礎，即使沒有圖形處理器的設備也能高速處理。首先，物體偵測系統將餐具、杯子、筷子等分類之後，去除結帳作業中不需要的杯子、筷子，再進行餐具的辨識。這麼一來，就能兼顧作業高速性與沒有圖形處理器的運作輕量性。

只選擇「當日使用的餐具」提升準確率

此外，實際運作方面也有助於餐具自動辨識的準確率。每間餐廳的餐具種類超過一百種。話說回來，一整天看下來，各種菜色不可能全用到多達超過一百種餐具。因此，可以從與系統連線的 iPad 等裝置挑選出「當日使用的餐具」來過濾辨識的對象。

目前辨識率已經提升到百分之九十九上下。「還是沒達到百發百中，如果有辨識錯誤的狀況，在結帳櫃臺旁邊的畫面上很容易修改。實際上，現在餐廳第一線大概每

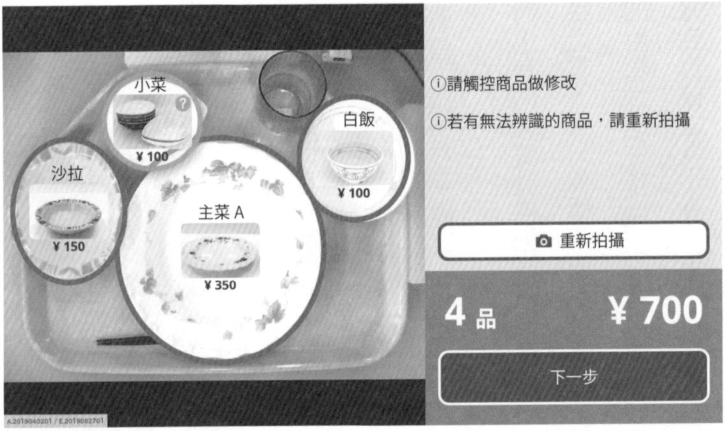

用深度學習辨識餐具的情況

一千份餐點會碰到一次需要修改的狀況。」渡邊表示。由於是員工餐廳，員工之間存在信任感，在這樣的關係下，這類能修改餐具的系統才有辦法運作。

如果要將這套系統運用在一般餐廳等場所，考量到萬一蓄意改變餐具辨識結果導致結帳金額減少，必須有並用監視攝影機等配套措施。除了提升辨識率，還需要建立配合現場結帳運作的系統。

雲端搭配邊緣裝置可拓展結帳之外的業務領域

使用深度學習讓結帳自動化的 Cool Regi 系統，目前在ＮＴＴ持股公司的武藏野、橫須賀、厚木等三處研究所的四間員工餐廳運作。尤其午餐時段更是大顯身手，讓作業順暢。負責新系統開發的ＩＳ解決方案事業本部ＩＳＳ開發部副部長阿部義崇認為，「通常十二點到下午一點這段時間是尖峰時段，如果成功在這個時段順利結帳，就會獲得好評。」將辨識結果與結帳金額顯示分成兩個螢幕、托盤放置區的簡單收銀台設計，以及餐具選擇自由度高，這些都廣獲好評。

事實上，木村表示，「我們花了很多工夫調整從放下托盤到拍攝的時間。必須一放下托盤就立刻拍攝，這時候多等一秒鐘都會覺得很久。」藉由深度學習分析之外，其他須費心調整的因素仍不少。

此外，曾評估過在雲端處理影像辨識作業，但發現尖峰時間的處理會趕不及，最後決定將物體偵測與影像分類的模型都納入結帳櫃臺的電腦主機內，把資料庫建置在雲端，連結辨識結果，從雲端再傳送資料到結帳畫面上。

不僅要求速度，從自動版轉換成人工結帳版，或是反過來在人工結帳的餐廳要轉成自動版功能，都可以輕鬆因應。

作為辦公室解決方案廣泛提案的「宣傳招式」

現階段除了NTT持股公司之外，也進展到與其他員工餐廳接洽。建設新大樓、總公司搬遷、工廠新設等，針對一年後、兩年後能運作的這些設置員工餐廳的企業或受託業者進行洽談，阿部表示，「這是細水長流的生意。」

除了深度學習之外，該公司也提供使用IT或IoT的辦公室解決方案。其中使用深度學習的自動結帳系統算是以員工餐廳支付為入口，以便在各式各樣領域中發展辦公室解決方案的「宣傳招式」。

如果雲端上有用餐資料，就能與應用軟體結合，連帶運用於員工的健康管理。此外，有人建議運用影像分析、感應資料等，將員工餐廳使用和即時空位狀況可視化。

藉由開發新系統自動版的機會，推動實際在辦公室運用資訊科技和人工智慧。該公司認為，這是POS商欠缺而資訊科技廠商才有的優勢。

Monoful

以人工智慧提升讀取車牌效率，解決貨車人手不足問題

針對貨車駕駛不足的狀況所開出的一帖良方。不是增聘人員。物流系統業者Monoful（東京港區）以深度學習來辨識貨車車牌影像，試圖藉此縮短在物流據點的「貨物等候時間」。

「不斷聽到有人表示貨車駕駛不足，但觀察實際的統計數據會發現，貨車的數量和駕駛並沒有太大變化。之所以有人認為駕駛不足，原因出在物流輸送效率不彰，生產力低落的關係吧。」開發並提供物流解決方案的Monoful社長藤岡洋介指出。

該公司創立於二〇一七年，日本GLP（Global Logistics Properties，普洛斯）集團旗下一員。日本GLP專營物流設施的開發與營運，在日本國內的物流不動產市占率名列前茅。

面對物流業的課題，日本GLP除了採取改善設備等硬體面的因應對策之外，希望再加上運用資訊科技，從效率面來解決。Monoful在該公司提供的解決方案中加入運用深度學習或機器學習來自動讀取貨車車牌的功能，致力推動更容易將貨車駕駛的作業時間數據化。

藤岡表示，「三十年前左右平均積載率大約是六成，目前下降到大概四成。實際上不是貨車駕駛不足，而是沒有配合現在多頻率、小批次的配送需求，使效率不佳。因此，希望藉由運用資訊科技來提升效率。」物流業目前仍以電話、傳真、手寫傳票為主流，運用資訊科技來改善生產力仍有很大空間。

「等候時間漫長」是貨車駕駛面對的現實

物流業生產力低落的重要原因之一，無非是前面提到配送效率不彰的問題。那麼具體而言效率有多差呢？藤岡指出，「根據統計，貨車駕駛的工時中真正行車的時間其實不到一半。出發前的檢查、搬運貨物、休息等時間當然都少不了，另外還有很大一部分是『等待貨物的時間』。」

所謂等待貨物的時間，就是貨車抵達物流倉庫等地後，等待裝卸貨作業的時間。需要等候的原因很多又龐雜，例如等待適合裝卸貨的車位，或是轉運站、周邊道路壅塞時需要等候，還有貨物或物流設施端的負責人尚未準備好之類。

因此，希望盡量縮短等待貨物的時間。然而，即使貨主導入裝卸區預約系統想藉此提高效率，但由於目前事先預約貨車駕駛送貨的習慣仍不普遍，實際運用時遇到困難，成為一大問題。

藤岡分析，「就現況來說，貨車何時進到倉庫裝卸區，裝卸貨之後何時出發到下一個定點，這些只有紙本紀錄。而且紀錄只是收集起來，沒有後續進一步的分析。」

由此可知，全面運用資訊科技提升效率之前，其實需要先讓現狀可視化，然後擷取出課題。因此，Monoful 決定先導入門檻較低的服務，二〇一九年四月推出提供貨車登記／預約服務的「貨車簿」。藤岡表示，「將現況以數位資料留下紀錄，藉此讓待機時間和作業時間數據化。接下來再分別從倉庫內外擬定對策。」

「貨車簿」的服務分成三種。首先是每個月基本費零元的「免費方案」。倉庫裝卸區設有平板電腦，由貨車駕駛自行輸入車輛抵達時間。倉庫負責人從電腦等設備確認登記狀況後，簡單操作分配停車位給貨車。同時，這些數據也能運用於其他分析。

在貨車進出的倉庫「裝卸區」裝設攝影機

藤岡指出，「如果能將尖峰時段的狀況數據化，或許能以分散的方式來提升效率。因此我們提議，從過去憑藉負責人個人感覺來調整，變成掌握數據的方式。」另外，提供以簡訊呼叫駕駛（每則二十日圓）或用LINE聯絡（免費）的功能。掌握資料之後，就能進一步提供改善生產力的其他服務。

至於月費六萬日圓的「基本方案」，多了可在線上事先預約倉庫裝卸區的功能。這麼一來就能分散貨車抵達時間。而月費十萬日圓起跳的「尊榮方案」是與「Smart-Drive」（東京港區）提供的專用裝置車輛管理服務合作，能夠自動掌握貨車定位，並使用自動登記和抵達延遲預測等其他功能。

以選配方式提供人工智慧攝影機自動記錄貨車進入倉庫的狀況

另一方面，實際工作第一線不少時候連在平板電腦輸入都有困難。因此，「貨車簿」提供了使用攝影機將卡車抵達和出發資訊自動數位化的選配服務。「我們思考要用什麼方法自動記錄哪間公司的貨車在幾點鐘進入倉庫、幾點出發的資料。由於物流業對成本概念精打細算，最好能找到簡單又價格低廉的設備，最後採用的是以攝影機

日本 GLP 經營的物流設施

讀取車牌的系統。選擇這個方式是考量到未來掌握貨物資訊也能運用。」（藤岡）

這套系統的開發委託提供影像分析AI平台「SCORER」的Future Standard（東京文京區）。該公司社長鳥海哲史說明使用攝影機自動記錄不是那麼容易的事。

「首先要面對的問題是在倉庫裝卸區裝設的攝影機位置和數量。多數物流設施會配合貨車的貨台高度採用高地板裝卸區，就算在裝卸區設置攝影機，也無法讀取到車牌。因此，改成在裝卸區下方保留裝設攝影機的位置，每個裝卸區都準備攝影機。由於攝影機價格逐漸降低，可以增加數量又避免成本大幅提高，但攝影機增加要分析的影像相對就變得更多，必須面對分析端的電腦資源成本增加的問題。」

關於這一點，解決方式是將平常每一台攝影機會因應的分析設備，改成多台攝影機整合以一台分析設備來因應。至於分析車牌的系統，為了能隨時分析攝影機拍攝到的車輛，同時使用多個分析端的資源。

另一方面，在裝卸區設置的攝影機，基本上只會拍攝到一輛貨車。雖然有多處裝卸區，但貨車同時進車的狀況非常罕見。由於不需要同時分析多台車輛的影像，可以刪減聚集分析設備的成本。

偵測車牌運用的是深度學習，從偵測車牌的資訊辨識文字的過程運用機器學習。

車牌辨識示意圖

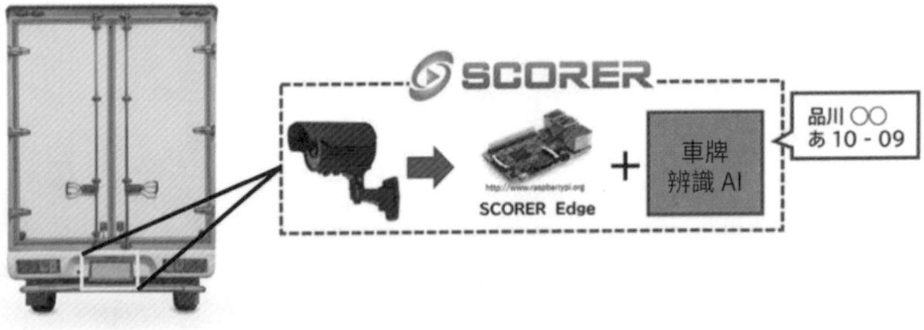

「貨車簿」的選配功能，用攝影機來讀取貨車的後車牌，
再以人工智慧分析

鳥海表示，「一旦完成車牌偵測之後，就把這筆資料加工在從正面看到的影像上，並且用文字辨識演算法加以配對。判讀字級最大的數字之後，接著讀取地名，藉由這樣分成多段的分析，在成功判讀時結束分析。以這樣的方式來盡量減少成本。」

調整裝設位置、髒汙、車牌角度

車牌位於貨車的後方，辨識有難度。因為車牌設置的位置可能在左右或者中央，每輛車不同。一旦有陰影，車牌很容易變得昏暗不明。不少貨車的車牌會翹起來，再加上沾附髒汙，更難辨識。

「這些需要各種調整，像是攝影機設置的位置，如果裝卸區下方沒有空間就要在左右兩側都裝設，或是改變角度等。車牌上的文字無法判讀時，還要調整機器學習的模型。」鳥海說明。

另一方面，訂出明確的方向，亦即避免百分之百由攝影機和人工智慧來辨識而提高成本。Monoful的藤岡表示，「不花人力能達到多高的準確率，同時兼顧成本，這點很重要。比方說，能夠判讀百分之九十五的車牌，如果與事前登錄的車牌符合，就

使用 SCORER 以人工智慧辨識車牌並擷取文字資訊的實例

判斷為成功辨識。其餘的百分之五，由人工從紀錄上的攝影影像來判讀即可。目前物流第一線仍以傳真、手寫資料這類類比形式為主流，首要之務是進入數位化提升效率。建議應該導入適合現場狀況和運作型態的資訊科技。」

二〇一九年四月推出「貨車簿」之後，五月已經有好幾個據點開始準備運用，並進一步評估導入採用攝影機的選配功能。使用攝影機自動記錄的附加服務，如果以設置十台攝影機來計算，每個月的費用從數萬日圓到十萬日圓不等。

「事實上，假設有多達一百個裝卸區的物流設施，要全數裝設攝影機，還是只要篩選出需要的區域安裝，必須好好思考及評估費用與效益的均衡。」藤岡表示。「貨車簿」將提高物流業生產力，並成為破除日本物流業積弊邁向資訊科技化的第一步。

三菱總合研究所 Mitsubishi Research Institute

讀取財務報表數字後自動製作報告書，朝智庫的「夢想」更邁進一步

智庫的業務包括大量分析財報數據、製作報告之類。如果能用人工智慧來看這些數字製作報告……。這個夢想現在已具體成型。三菱總合研究所與北京大學共同研究，推出用人工智慧來製作文書。目前如果是有價證券報告書相關文件，可以達到非常高的準確率，幾乎沒有地方需要修改。

「我們想嘗試看看能將智庫的夢想實現到什麼程度。這也是當初從事這項研究的動機之一。」三菱總合研究所顧問部門ＡＩ創新推進室主任研究員高橋怜士說道。

高橋同時任職於該公司金融本部，深深體會到工作時必須製作許多報告。「在智庫工作撰寫定型化文書的工作非常多，比方說，有價證券的報告書、調查說明報告、統計速報等，所以才想到如果人工智慧能幫忙寫報告的話，能促進業務效率。此外，

像是人工作業會發生的抄寫筆誤之類，採用人工智慧作業應該就能避免。」（高橋）

另外，也期待將文書製作人工智慧運用於其他許多業務。

與北京大學共同研究

二〇一七年中之後，三菱總研便著手研發撰寫報告的人工智慧系統。二〇一八年四月起，一部分與北京大學共同開發，展開具體的進展。二〇一九年五月，發表「共同開發從表格自動製作文書之人工智慧技術」，推出將財務報表製作成有價證券報告書說明文件的新系統。對於用人工智慧撰寫報告的這個夢想，又近了一些。

讓人工智慧撰寫文章這個主題，當初是從純粹研發的角度著手。三菱總研接受客戶委託，進行各種技術研發，其中很多專案運用人工智慧。高橋任職的ＡＩ創新推進室負責的多半是創新性高或難度高的案件研發。文書製作是其中一項。

體驗「寫文章」的難度

高橋等工作人員首先從彙整三菱總研本身的業務流程著手。作為智庫，在提供綜合資訊的服務方面，如何推動業務、如何使用自然語言等，過濾研發主題之前必須進行彙整。彙整後轉換為圖解，這個過程需要花上很長時間。

整體業務大致分為四個步驟。首要步驟是「收集資訊」，然後「分析」收集來的資訊，接下來做摘要或撰寫文章，也就是「製作報告」，最後針對需求使用機器人轉換成「自然句子對話」。

收集資訊和分析大數據，運用二〇一八年當下的人工智慧技術似乎都能做到。另一方面，一般認為製作成文章的難度較高。找人工智慧顧問從頭開始進行彙整這類業務的作業，耗時又所費不貲。這個案例是分析彙整自家公司的案子，歸納出明確的課題之後，著手實際開發。

其中一項是，二〇一八年，三菱總研與北京大學簽訂綜合合作協議。第一波是自二〇一八年四月展開人工智慧領域的共同研究，研究主題為撰寫文章。「北京大學對撰寫文章相關的人工智慧技術有豐富的見解，也在國際上發表過論文，並以數值等資料為基礎撰寫文章作為研究的主題。由於課題是以數式來定義，不會因為語言不同而產生問題。」高橋回顧。

與北京大學共同開發的階段，ＡＩ創新推進室研究員中村智志就加入開發團隊。「最大的問題是人工智慧評估文章的方式。翻譯上有幾個評估的指標，但對於撰寫文章都派不上用場。必須由人工一一閱讀評估寫好的文章。」中村說明。開發人工智慧這項作業本身也非易事，但過程中最耗費心力的作業是準備代表好文章的評估指標。

使用大約兩萬筆財務資料和說明文件的資料集來學習

與北京大學共同開發的專案，準備的是上市公司的財務報表。收集超過三千間公司每半年公布一次的財務報表，達三年份，共計大約兩萬筆資料。輸入財務報表的數字資料之後，使用對應的說明文件作為正確的學習資料。學習資料本身都是檢視過的數值與文章資料集，這些都是公開資訊，不需大費周章收集。

北京大學使用這套資料集，打造了多個使用深度學習的文章撰寫學習模型。中村說明，「最初的迭代（開發循環），一個模型表現得非常好，幾乎所有文章讀起來都不會覺得哪裡不對勁。另一方面，其他幾個採取不同手法的模型，出現反覆使用同樣的詞彙之類文章不通順的狀況。因此，我們挑出表現好的模型，進入下一個迭代執行，持續提高準確率。」

至於作為課題的文章，由高橋與中村分工，實際閱讀評估每一篇文章。初期的模型評估標準，包括日文是否通順、數值輸入資料是否正確輸出等。

一旦提高準確率，就能製作出正確無誤的日文文章。此外，還要檢視文章所代表的意義是否忠實呈現原本財務數值的內容。高橋回顧，「文章沒有固定的正確答案，而且哪一項花費名目的數值對財務狀況造成影響，必須解讀出文章的意義才能評估。進行分析同時評估的作業很辛苦。」

事實上，高橋與中村各自閱讀超過一千篇深度學習模型製作的文章，並對照數值輸入資料和說明文件記載的財務報表中任一正確答案，評估是否掌握到真正的意義。

人工智慧撰寫的文章即使有一處修改，仍然「可用」

按部就班持續評估，一邊調整模型，在二〇一九年五月公布時，已經打造出能撰寫令人滿意文章的人工智慧系統。評估人工智慧製作出的一百篇文章的結果，若每篇能控制在僅需修改一處，這篇有價證券報告的說明文件就視為「可用」。

「其實有價證券報告書的說明文件某種程度上已經定型化，人工智慧撰寫的文章比想像中更能準確掌握到內容的意義。比方說，這筆現金流對哪一筆數值造成影響，人工智慧都能明確分辨出內部的相對關係來撰寫文章。反過來說，人工閱讀時有些在實際說明文件中可能是刻意不記述的數值關聯性，在人工智慧撰寫的文章中卻明確標記出來。」高橋說明了深度學習能寫出有意義的文章。

中村說明，「有些文章幾乎不必修改，即使需要修改也只有一處。以草稿來說已經算是足以使用的程度，比人工從頭開始，效率提高了不少。雖然需要具備專業知識才能了解數值的意義，但寫成日文的說明文件可以讓更多人理解。將數值的意義轉換成日文說明，讓每個人都能看懂，從這個層面來看也很有使用價值。」

學習資料幾千筆就「飽和」

嘗試打造撰寫文章的人工智慧訓練模型時，「我們發現，其實只要有一定數量的文章，就能建立撰寫文章的模型。另一方面，我們準備了大約兩萬筆的資料集，但從幾千筆之後就開始看出學習曲線趨向飽和。由此可知，只要有幾千筆學習所需的訓練資料，人工智慧應該就能製作出符合需求的文章。」高橋解釋。

從單純的研發起步，轉向開發撰寫文章的人工智慧。現階段尚未達到能夠立刻全面實用的階段。然而，人工智慧從有價證券報告書撰寫出說明文件目前已經獲得某種程度的肯定。接下來將持續進行多樣化的驗證，看看使用範圍可拓展到哪裡，同時探討之後需要哪種型態和多少數量的學習資料。邁向未來實用化研發的下一步，就是第二波驗證，時間訂在二〇二〇年夏季之前。

「這類文章非寫不可，但相信除了智庫之外，還有很多人必須埋首這類只耗成本沒有獲利的業務。如果將數值資料化為文章的人工智慧得以實用化，就能讓這類業務更有效率，提高生產力。此外，過去雖然有資料，但沒有轉為文字就無法讓更多人理解，這一點未來也能改善。」

中村期待能實現這些成效。或許，幾年後讀到人工智慧解讀數值後撰寫的日文解說文章時，不會察覺到任何異狀。

DeNA

藉由人工智慧和資料科學標籤，提供協助減少交通事故的服務

目前日本每年仍有超過三千人因交通意外喪命。DeNA 開發出一套服務，以人工智慧偵測出駕駛人的行車習慣和注意力不集中的風險因子，進而改善駕駛行為，減少交通事故。實驗結果顯示，發生交通事故的比例，計程車為一百輛減少了百分之二十五、貨車為五百輛減少了百分之四十八。此外，有效降低車輛的修繕費用。由於這些成果，服務在二〇一九年六月正式上線。除了駕駛人本身，行車管理人也可一併掌握及改善駕駛特性。就市場規模來說，該公司預估計程車和貨車共計可達一千五百萬輛。

二〇一八年，日本因交通意外喪生者為三千五百三十二人。相較於高峰期一九七〇年的一萬六千七百六十五人減少了近八成，表示推動各項交通安全措施取得成果。

儘管如此，每年仍有逾四十三萬起交通事故，三千多人喪生、超過五十二萬人受傷，也是不爭的事實。DeNA的基本理念是透過汽車事業來促進交通安全，並致力在交通行車安全過程中持續提供解決方案，對解決交通意外這項社會課題做出貢獻。

DeNA提供運用人工智慧協助減少交通事故的服務「DRIVE CHART」。這項新服務使用以運用深度學習的影像辨識技術，來分析駕駛人的行車模式。駕駛人任職的公司再針對回顧駕駛人行車狀況和駕駛特性來進行指導。就內容而言，這項服務藉由改善駕駛行為來減少交通事故。至於這項服務的最終目標，則是減少交通事故這個普遍的期望。

交通事故多半是人為疏失，以資訊科技來協助改善駕駛行為

在DeNA汽車事業本部擔任智慧駕駛小組部長的川上裕幸，說明了開發新服務的契機。

「減少交通事故是社會上的一大課題，分析事故發生的原因，超過九成是人為疏失，如果能設法做到安全駕駛，理論上就能連帶減少交通事故。於是，二〇一七年年

初開始，我們具體討論是否能打造出讓駕駛人更安全行車的機制。」

什麼樣的手法能改善駕駛行為呢？調查發現，貨車、公車、計程車等經營商用車的業者，由指導人員使用行車記錄器的影像來進行行車指導。換句話說，這是藉由檢視自己的駕駛模式來改變駕駛行為，很可能進而達到安全駕駛。

討論之後發展出兩個假設。一是「藉由系統回顧可改變駕駛行為」，另一個是「改善駕駛行為能連帶減少交通事故」。如果這兩個假設成立，打造一套系統應該有助於減少交通事故。

人工檢視行車記錄器相當費工

過去經營商用車的業者會使用行車記錄器的影像來檢視駕駛人的行車模式，或是進行駕駛指導。但這項作業很花工夫，因為需要人工瀏覽行車記錄器影像，找出駕駛行為的特徵。

「就一般的行車時間來說，貨車是八小時，計程車則是十六小時。指導人員和駕駛一同檢視這些行車紀錄，指出危險行為，費盡心思努力，盡量確保安全。然而，這

減少事故的效果最高達 48%

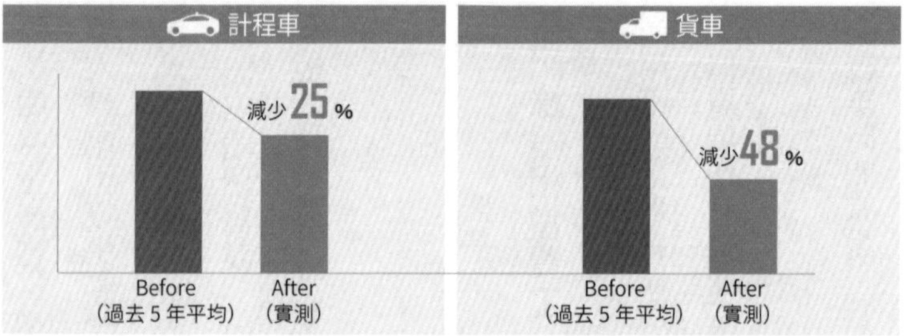

經濟效果：減少修繕費、賠償金。事故導致的經濟損失從減少四成到減少九成

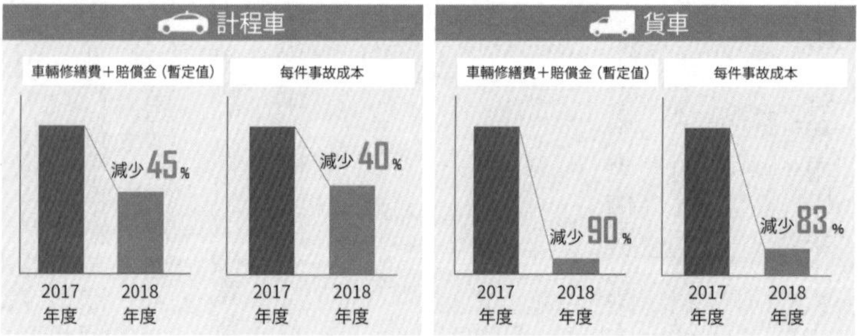

使用新服務的效果。減少事故的效果與防撞自動煞車同等水準（24.4%）。
根據 100 輛計程車和 500 輛貨車實測的結果

種手法耗時費力，就現況而言，一名駕駛幾個月才能接受一次指導。如果有一套系統能自動發現危險的駕駛行為，就能隨時提供駕駛行車指導。」川上思考。

DeNA根據假設展開實測。開發系統的同時準備實測，獲得多家商用車業者協助，裝設約六百台設備，從二〇一八年四月至十月，展開為期半年的實驗。

以深度學習辨識影像，結合危險行為的偵測邏輯來判定

需要的系統是從行車記錄器的攝影機或GPS定位資訊、加速感測器等資訊，偵測出危險的駕駛行為。因此，這個系統是由兩大要素構成。第一，使用攝影機資訊的深度學習影像辨識。從行車記錄器裝設的對外攝影機影像，識別車輛、行人和白線等資訊；對內的攝影機收集駕駛臉部、眼睛狀況等資訊。

至於系統的另一項要素，則是識別駕駛行為和周邊狀況的演算法。從攝影機經過深度學習偵測出車輛、行人、白線、駕駛臉部狀況，加上GPS和加速感測器資訊等，使用這些資料來分析未暫時停車、超速、東張西望等危險行為。

以行車記錄器來掌握其他車輛、行人、白線等前方狀況

人工智慧開發與資料科學家的組合

負責人工智慧開發的AI本部AI系統部部長山田憲晉表示，「有些人把人工智慧當成神，但實際上要一套人工智慧系統判斷所有事情是不可能的。這次我們把從攝影機資訊辨識影像，也就是眼睛的功能，以及分析多數資訊判斷狀況，也就是腦的功能，兩者分開之後再組合。」眼睛的功能利用深度學習最有效果；另一方面，大腦功能是由參加資料分析和機器學習等競賽的資料科學家員工，組合邏輯與機器學習建構出演算法。在人工智慧研究人員開發的深度學習影像辨識技術上，加上資料科學家的見解和技術，偵測出危險的駕駛行為。這就是大致的架構。

在深度學習的影像辨識方面，首先為了讓系統學習，需要有路上行駛資料。DeNA花了半年時間，拍攝約兩百萬公里行車資料，在幾十萬筆排序影像上標記標籤，讓系統進行深度學習。

這次開發的困難之處在於以商用服務為大前提，目標是實際減少交通事故。如果只是想端出研究成果，大可使用高價伺服器或電腦資源，偵測結果或許有高準確率。但若要以實際服務為前提，必須在價格低廉的車用裝置上搭載深度學習及可偵測危險

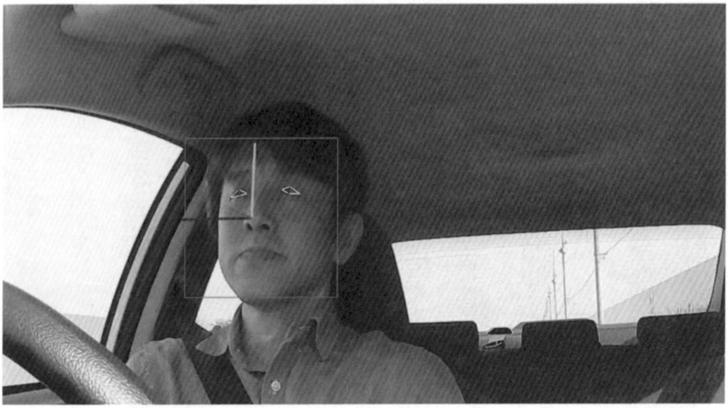

掌握駕駛人的視線等

行為的演算法，而且必須高速運作。這就得花工夫了。

山田說明，「要花心思的地方有兩處。一是演算法本身的改善。採用最先進的演算法為基礎，同時調整到必須偵測出的對象之後，再擷取出必要功能進行可高速運作的輕量化。另一個是影像辨識的深度學習開發人員與危險行為偵測演算法開發人員，共同開發來實現最佳化。如果個別行動，就會變得需要通用性的功能，最後導致超出規格。這次由人工智慧與演算法的成員共同開發，可以針對服務要件達到最佳化。」除了裝置的性能，加上開發期間短這些限制條件，雙方搭檔開發，打造出輕量又高速的系統。

實測減少事故效果最大達百分之四十八，提供七種危險情境偵測商用服務

為期半年的實測獲得亮眼的成果。相較於過去五年同一時期的平均事故率，計程車一百輛減少了百分之二十五，貨車五百輛減少了百分之四十八，可看出明顯改善。此外，自家公司車輛的修繕費減少，並證實事故規模縮小。

DeNA根據這些成果，自二〇一九年六月四日開始提供DRIVE CHART的

DRIVE CHART
5.27(月)のスコア
一時不停止
90/100
達成!
3日連続達成
リスク運転行動
一時不停止
速度超過
一時不停止
動画一覧
診断詳細
13h 30m
300km
5h 20m

將測定的資料化為分數

服務。這項服務可以偵測出七種危險情境，包括「東張西望」、「車距過短」、「未暫時停車」、「超速」、「緊急加速」、「緊急減速」、「急打方向盤」，這些駕駛行為所出現的駕駛習慣，都會透過駕駛趨勢報告顯示在電腦或智慧型手機畫面上，一目了然。也可以在影片中只挑選出危險情境來確認。

過去只是指派駕駛指導人員，有時即使看了行車記錄器影片也搞不清楚的駕駛趨勢，現在系統會自動指出來。其實有些業者已經實際導入這項新服務，期待未來有助於減少交通事故。

川上表示，「新服務減少了交通事故而受到好評。目前以最基本的七個項目來檢視，今後會持續改善功能，希望進一步減少交通事故。就社會責任來說，這也是擴大業務的意義所在。如何提升準確率並即時偵測出危險駕駛行為，而且在驗證效果的同時加速改善的循環，將是接下來的致勝關鍵。以最終目標來說，還是希望朝向零事故邁進。」深度學習技術人員打造的精緻眼睛，搭配資料科學家孕育出的聰明頭腦，將有助於改善、解決交通事故這個二十世紀持續至今的社會課題。

石田ISHIDA

從人工智慧與機械的「拉鋸戰」孕育新技術，運用深度學習夾取義大利麵

製造銷售業務用食品計量設備的石田，針對食品加工製造生產線持續開發運用深度學習的機器人，可以夾取義大利麵並盛裝固定重量。這項開發案已進入尾聲，可望在二〇一九年正式商品化。這是一項在人工智慧與機器拉鋸下誕生的技術。

石田是位於京都的老字號企業，創立於一八九三年，銷售大量食品計量設備給供應超商的便當工廠，同時提供自動化的解決方案。在一連串的業務中，有一項作業過去始終無法自動化，只能仰賴人工。就是把包括義大利麵在內質地溼潤柔軟的食材，以正確重量盛裝到便當盒裡。

能不能運用深度學習呢？廠商找上了東京大學研究所松尾豐教授的研究室，討論

可行的做法。之後，石田與該研究室畢業生那須野薰創辦的人工智慧新創公司 DeepX（東京文京區）合作。

二〇一七年十二月，開始開發夾取盛裝義大利麵的機器人。相關人員進入工廠第一線，進行共同開發作業，最後終於看到產品化的一線曙光。

食品加工領域人力不足的問題很嚴重。工廠第一線越來越難維持所需的人員。即使想提高時薪，但在這個利潤不高的產業並非易事，自動化成了一大課題。

一開始根本夾不住

然而，開發過程極其艱難。起初在研究室讓人工智慧學習，到了稍微能夾起義大利麵的階段就將整套系統移到工廠第一線，結果因為淋在義大利麵上的橄欖油不同，完全夾不住。

「在生產第一線發現課題，經過各項討論之後不斷改良。工廠製作的義大利麵分成肉醬用、茄汁用等種類繁多，每一種的麵條粗細和水煮時間都不同。想要因應所有狀況非常困難。經過一次次枯燥改良的結果，才終於讓商品化有了眉目。」石田商品企畫部行銷室室長津川透乃回顧。

機械能做到的事與人工智慧能做到的事展開拉鋸戰

開發過程中發現，人工智慧經過反覆學習會持續提高準確率，機械方面卻很難跟得上。基本上人工智慧的開發由 DeepX 負責，機械則是石田的本行。

「我們會收到來自 DeepX 的要求，因為人工智慧這樣判斷，希望機械能這樣動作。比方說，能不能再增加一處關節之類。如果不需要顧及成本或許可行，但我們是以拮据的預算在機械能做到的事與人工智慧能做到的事，兩者之間展開拉鋸戰。」津川說明。換句話說，即使眼睛和腦袋（人工智慧）運作，要傳達到手上（機械）仍困難重重。

究竟該以什麼程度的準確率為目標，這一點也討論了很久。最後是以人工作業的準確率和速度為標準，但作業人員資歷深淺的作業效率大相逕庭。因此，一開始就在工廠第一線找四人小組測定作業結果，以此作為目標值。津川表示，「現在系統的數值非常接近標準，但還是不及人工作業。」

藉由類神經處理進一步提高準確率

首先設定兩百公克、三百公克的重量，然後由人工智慧判斷要從一大堆義大利麵的何處下手夾取才會是設定的分量，之後由機械手臂實際夾取盛裝。目前的準確率據說大致能控制在目標值上下百分之十至十五的誤差範圍內。為了提高準確率採取的新技術，就是DeepX代表董事那須野薰提出的「類神經處理」。

「麵條會因為粗細、水煮方式和用油量等各式各樣的條件而不同，這項技術夾取過一次麵條就能將感覺運用在下一次，即時提升控制效率。原本準確率已經提高了，導入這項類神經處理的技術後，更進一步提升。」那須野說明。

將人力轉向更需要創意的工作

話說回來，除非是很資深的作業人員，否則人工作業也很難夾取盛裝正確重量。因此，只要人工智慧先在一定程度的準確率下盛裝，之後再由人工微調即可。就算只是這樣，對於紓解人力不足的狀況也有很大幫助。此外，重量不對的話就回到前一個步驟，要是工廠設計得當，也可以省去以人力微調的作業。

「這套機器人系統當初是為了減少人工、提升作業效率，但目的不僅如此。其實最終的構想是希望讓這些作業人員去從事更有創意的工作。工廠很積極對超商總部推動像是菜色提案這類工作，因此公司希望員工轉換到類似菜色開發之類更有價值的業務上。」津川說明。

當下的課題是面對全新種類的麵條時，要預設機械因應需要花上一段時間。

「DeepX的人工智慧系統設計成具備廣泛通用性，理論上可以因應各式各樣的麵條。但機械端面對新的麵條比較花時間。不過，如果是目前日本工廠裡的義大利麵，靠這套設備應該都能因應。」津川表示。

食材中以義大利麵難度最高

津川說明，其實眾多食材中以義大利麵的難度最高。既然已經能大致克服，接下來可朝義大利麵以外的食材發展。

「當初在公司內部討論時，有一派意見認為先從簡單食材著手，趁早商品化。但我無論如何都想第一個嘗試義大利麵。因為如果能克服最困難的一種，往其他食材發展就很快。推銷上也是，對於各有需求的客戶，如果能讓他們等候的時間變短，最終就會為公司帶來獲利。」

不僅如此，自動化還有一項優點，就是更容易往海外發展。因為不需要移轉人員專門知識，只要找到相同的原料就能直接供應。

「機器人結合深度學習，我認為這是能夠發揮日本優勢的領域。當便當文化已推廣到法國，或是超商打出海外策略時，這類自動化系統勢必更加普及。」津川表示。

AVILEN

自動解讀鐵材加工圖面，可因應各種格式的圖面

自動讀取金屬加工設計圖面，使用深度學習進行資料化，再送往加工機械運作。其中包括細部零件形狀和製造數量等數據。一開始是受親戚的鐵材加工廠委託，由開發、教育人工智慧的新創公司AVILEN（東京文京區）開發這套系統，上線運作。對於人力嚴重短缺的金屬加工業來說，或許是未來可行的解決方案。

在鐵材加工中，切割鐵材、在鐵材上鑽孔這類相對簡單的作業是一次加工，但這裡要介紹的是「技術第一線」。這個領域目前實際導入人工智慧的案例不多。

話說回來，這項人工智慧開發案最初是從事鐵材加工業的親戚委託。至於系統的銷售，倚賴委託人透過鐵材加工業的人脈創立的新公司負責。

先來看看鐵材加工第一線的作業流程。鐵材加工師傅看過設計圖面的內容後，把鋼材種類、鑽孔的位置和大小等資料輸入加工業務專用的軟體，接著指示如何從一塊鐵材中裁切出需要的部分，製成資料。確認過各項內容正確之後，送入機械設備進行加工。作業流程大致是這個樣子。

這項製作資料的作業很花時間，而且必須是看得懂設計圖面的師傅才有辦法因應。也就是說，這項作業有兩大課題。ＡＶＩＬＥＮ面對突如其來的委託，設想著是否能藉由人工智慧將資料製成的部分作業改為自動化。

如何分析格式不一的圖面？

ＡＶＩＬＥＮ同時負責人工智慧與應用程式的開發。首先，用掃描器讀取設計圖面，在畫面上選擇讀到的影像；然後將影像上傳到伺服器，由人工智慧來分析內容。圖面上的數字會自動呈現在應用程式上。整個過程並非「全自動」，最後還是由師傅檢查數字後傳送到加工機械設備上。即使如此，相較於所有作業都由師傅處理，仍大幅提高效率。

擔任此次人工智慧顧問的AVILEN董事高橋光太郎表示，「困難的地方在於設計圖面格式不一，種類又多，不確定是不是能用一套模型來因應。此外，手寫字和印刷文字混在一起，要辨識也很費神。我們在深度學習演算法上下了很大工夫，最後只要是某個特定格式的圖面，就有高達百分之九十四的準確率能正確讀取所有數值。」

至於其他格式的圖面，準確率為百分之六十五左右。錯誤的數值在後續步驟中由師傅檢查後修正即可。此外，過去多半憑藉師傅個人感覺指示的裁切部位，現在換成系統找到一定程度的最佳解答後下達指示。這麼一來，連帶減少不必要的鋼材浪費。

使用 U-Net 學習六千份圖面

深度學習模型使用的是語義分割領域著名的「U-Net」。打造通用的 U-Net 和高速 U-Net，兩者同時運作。

通用 U-Net 先掌握大致的影像，鎖定鑽孔位置和鐵材型態種類等。接下來以卷積神經網路來解讀影像中的數字。

至於高速 U-Net，負責分析更細節的數字。一樣用 U-Net 鎖定大致的位置後，再以卷積神經網路分析數字。這個步驟的讀取準確率據說達百分之九十九點九。

這些分析結束之後，找出分析的數字相關性，呈現在應用程式上。用來學習的圖面有六千份，花了很多時間調整。

「我們關注的重點是縮短分析時間。兩套系統的模型同時運作，並且精心設計演算法，達到幾秒鐘就分析一份圖面的成果。我們使用的是亞馬遜的雲端服務『Amazon Web Services（AWS）』。考量成本，選擇搭載價格相對低廉的GPU（圖形處理器），但處理速度已經讓人滿意。」高橋說明。

這次運用人工智慧的作業只是鐵材一次加工的「入口」，未來評估繼續運用在鐵板、鐵條等加工作業。接下來還能在鐵材加工領域擴大運用人工智慧，持續發展。

持續拓展人工智慧在鐵材加工上的運用

AVILEN一開始是因為人工智慧教育事業而創立的公司，由於接受大型證券公司委託的開發專案，現在的業務結構大約是開發和教育各占五成。高橋提到，這樣的狀況有個很大的優點。

「如果公司只從事教育，有些講座就沒辦法辦了，像是傳授實際在商場上有幫助的技巧。也就是說，開發上獲得的見解能夠運用於教育事業。因此，接下來我們也會同時著重開發與教育兩方面。」

重視了解人工智慧的最新技術

除此之外，高橋也談到最新的人工智慧技術。目前關注的焦點是自然語言處理領域常用的「Attention」。這套機制會訂出輸入資料中重視的部分，將必要資訊進一步重點考量，由此建立模型。Google 開發的自然語言處理模型「BERT」，也是以這項技術為基礎，引發熱烈討論。

哪些技術有助於未來的商機，沒人知道。目前該公司秉持玩心，展開各種類型的研發。以深度強化學習開發的「最弱黑白棋」是其中一例。在網路上線後一個月，已經有兩百萬遊戲次數。Google 旗下的英國 DeepMind 所開發的 AlphaGo 圍棋對弈打敗世界頂尖棋士，蔚為話題。相較於 AlphaGo，「最弱黑白棋」的玩法是無論怎麼想盡辦法要輸，最後還是一定會贏。

第五章

偵測錯誤和異常，解決社會課題

理光 RICOH

攝影機＋人工智慧診斷路面老化，事務設備轉多角化獲數千萬日圓訂單

二〇一九年八月，理光開始提供針對道路路面損傷的簡易檢查服務，名為「RICOH路面監測服務」。以過去生產影印機等設備累積的光學技術，加上運用深度學習，目前已經成功獲得數千萬日圓訂單。

受到公司行號紛紛轉為無紙化政策的影響，預期影印機等事務機器未來將很難有大幅成長。在市場上占有一席之地的影印機大廠理光也經營得很辛苦，致力解決後得出的解答之一是朝意想不到的領域發展。

一般來說，深度學習要運用得出色，必須倚靠公司內部原本就有的其他強項，達到相輔相成的效果。對理光來說，就是光學技術。那麼，為什麼會運用於路面監測領域呢？

想實踐「理光風格」

路面監測服務專案經理，同時也是該公司數位商業事業本部・智慧社會基礎工程事業室副室長茂木洋一郎做了說明。

「理光的經營理念，也就是所謂『理光風格』，是把對解決社會課題做出貢獻當成『我們的使命』。社會基礎工程老化是一個迫在眉睫的課題，我們認為可以藉由理光的技術來設法解決。另一方面，我們認為多年來紮根成長的光學技術，或許能轉用來解決社會基礎工程面臨的課題。理光的產品線有工業用相機，另外也有獲得汽車大廠採用的立體攝影機。從這兩個方向考量之後，我們訂出了未來的方向，就是使用光學技術協助解決社會課題。」

用攝影機與深度學習來偵測路面老化

雖說要解決社會課題，但範圍實在太廣。思考之後採取以系統來取代過去人力的作業，作為解決社會課題的方向。說到能應用光學技術的領域，腦海中立刻浮現的是以人工目測來檢查基礎工程的老化狀況。舉凡道路、橋梁、隧道等基礎工程，多是在經濟起飛時期建設，近年逐漸老化。如果能讓這些基礎工程的維護作業更有效率，必定有助於解決社會課題。

因此，茂木等人展開多種用途維修市場的調查，研究哪些規則下檢查什麼項目、之後如何製作報告。「針對道路、橋梁、隧道等基礎工程，每一項都有負責監督的單位發出像是指南的維修綱領。我們一一檢視後，認為道路鋪設維修綱領的業務內容似乎最適合運用光學技術。」（茂木）

國土交通省期待的新技術

不僅如此，日本國土交通省在二〇一六年十月修訂鋪設維修綱領，新版記述了「期待新技術的開發。同時收集維修技術的開發趨勢資訊，積極採取基於本綱領讓維修更加務實的手法」。茂木表示，「積極採用新技術這項是中央下達給各級單位的『指令』，但另一方面即使採用新技術卻沒有編列新的預算因應，可見必須務實。換句話說，維修手法趨於務實的潮流出現之後，各級單位的觸角也會逐漸改變。」他感

使用多台立體攝影機，可搭載於一般車輛的攝影系統

受到趨勢的變化。

另一個面向是理光在人工智慧領域的研發有了進展。負責路面監測系統人工智慧開發的創新本部．ＡＩ應用研究中心．解決方案探索室的岩男誠二回顧當時的狀況，「其實理光從很久以前就展開深度學習的研究，二〇一四年便提供運用深度學習的產品。在理光內部，深度學習成長的過程就跟我們培養其他一般技術差不多。在這段過程中，社會上道路老化的問題越來越顯著。」

「龜裂率」、「車轍量」、「平坦度」三項因素

在道路鋪設維修綱領中，實際上維護管理時有哪些要求呢？道路維護管理的指標有三項要素，分別是「龜裂率」、「車轍量」和「平坦度」。先取得鋪設維修綱領這三項要素的資料，之後要求以「採取目測或使用儀器的手法等道路管理單位設定的適宜方式」來掌握狀況。

換言之，基本上用目測，亦可採取使用儀器的手法。雖然每個地區的規模不同，但目測能夠檢測維護的道路延伸距離有限。即使使用專用車輛等設備的路面偵測技術

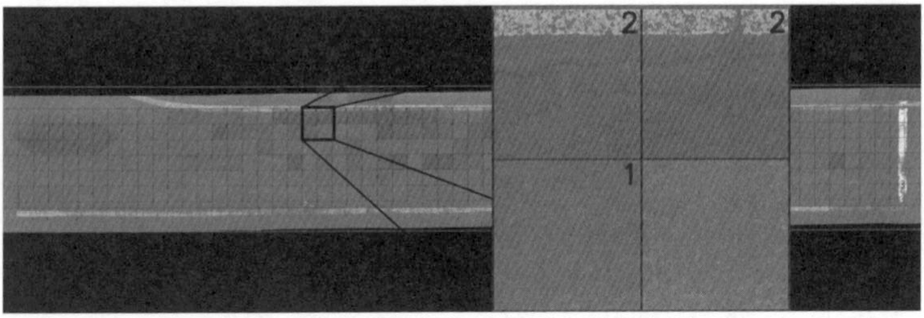

自動生成邊長 50cm 的網格，人工智慧自動判斷龜裂的裂痕數量

越來越實用，但多半仍是靠人力檢視拍攝的資料並製作報告。總之，都需要耗費很多工夫，造成維護成本居高不下。

因為這樣高成本的背景因素，「假設道路的總延伸距離是一百的話，市町村在維護上大概只能做到二十，其他八成的道路即使想維修也力不從心，現況就是這樣。」（岩男）如果能運用人工智慧來壓縮人工目測並製作報告的作業流程，或許就能增加維修路段。另一方面，理光推出的工業用攝影機從性能和功能面來看並不符合橋梁和隧道的維修綱領指標，茂木表示，「但是剛好符合路面維修！」於是，理光運用該公司的光學技術與人工智慧技術，開發了路面監測系統。

光與影的課題，將人工作業驟減到百分之二

路面監測系統預測的是前面提到的三要素。「龜裂率」是系統針對邊長五十公分的路面網格，預測超過一公釐的龜裂裂痕有「0道」、「1道」、「2道以上」。另外兩項「車轍量」、「平坦度」，也有要求符合指標的預測準確率。輸入的資料都是立體攝影機讀取到的訊息，龜裂率就是從亮度畫面上運用深度學習來判讀。

至於車轍量和平坦度，不使用深度學習而是從３Ｄ影像來估算。關於龜裂率的判讀，岩男說明，「首要任務是準備好能拍攝的環境，然後確認以深度學習能達到多少準確率。一開始的辨識率大概就有七、八成，但面對的課題還是很多。」

最大的課題是光線與陰影。用攝影機拍攝時，會受到日光影響產生光影，太重的陰影在影像資料上會變得一團黑。為了提升準確率，採取兩種做法。一是以光學設備因應，調整到能拍攝到陰影較深部分的資料；另一個則是收集大量準確率高的正確資料，讓系統學習。總計用來學習的道路影像約十四萬筆資料。

當作正確答案的訓練資料，是以人工目測檢視過的資料。「基本的規則是以目測判斷為正確，但雖說是正確資料也可能因為疲勞或其他人為因素導致落差。據說，即使是人眼，白天和晚上仍有兩成左右的誤差。」茂木說明。

龜裂率是組合多個深度學習演算法來判讀。「要判斷是否正確拍攝、判斷瀝青鋪面以外的路面或人孔蓋、判斷道路上的結構物、判斷測量對象範圍等，使用分割技術和解決遞迴問題的演算法，加以組合。分割技術讓系統針對即使出現頻率低的人孔蓋也能準確學習，我們採用的是自行開發的演算法，讓系統在加權人孔蓋學習頻率下學習。」（岩男）

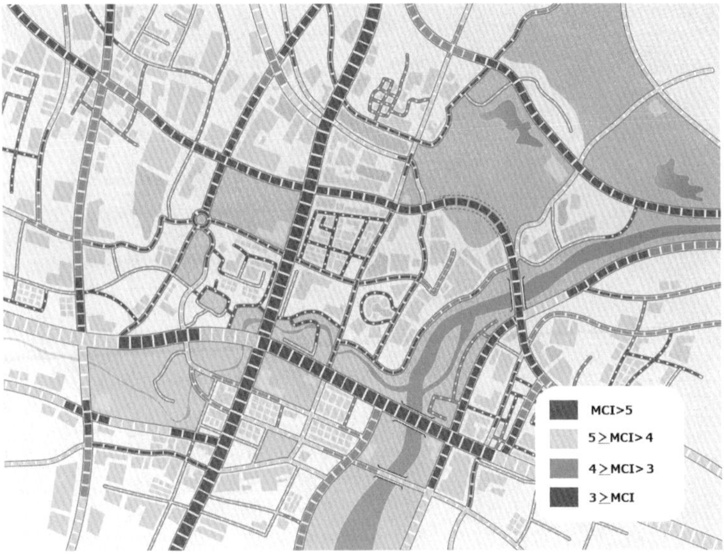

套用在地圖上的狀況

通過性能確認測試「掛保證」之後邁向正式服務

經過一年左右的時間，龜裂判讀系統開發總算有了眉目。藉由學習十四萬筆影像資料，再輸入一萬五千筆影像評估，獲得超過九成的正確率。路面監測系統的開發定位為與地理空間諮詢服務公司國際航業共同研究，使用該公司的公務車輛拍攝到的六百萬筆影像，進行人眼判讀與人工智慧判讀，相較之下相關性得到0.875的高數值。而判讀龜裂所花費的人工作業時間，人眼與人工智慧判讀相較，人工作業能降低到百分之二，可謂成果豐碩。

藉由運用立體攝影機和人工智慧，成功開發路面監測系統，成為一項提升效率的「技術」。接下來要努力的是加快實際利用的腳步，開拓解決社會課題之路。理光的目標是使用這套開發出的路面監測系統，通過日本土木研究中心的「路面性狀自動測定設備性能確認測試」。

性能確認測試合格是讓地方政府引進的「保證」

性能確認測試是一套評估路面監測自動測定設備性能的測驗，每年五月舉辦。地方政府等機關的標案條件，多半必須通過這項測試，通過測試就像取得「保證」，邁向獲得地方政府導入的第一步。

然而，「二〇一八年五月第一台車輛接受測試時，我們認為應該不會通過。因為從來沒有用立體攝影機合格的案例，負責審查的土木研究中心甚至事先向我們確認技術。」（茂木）當初設想的門檻很高。沒想到以理光光學技術為基礎的立體攝影機，加上運用人工智慧的路面監測系統，竟然能夠符合要求的條件通過測試。「收到合格證書後，我們在二〇一八年九月十日對外發表通過測試。這項測試必須每年更新，二〇一九年除了延續前一年通過測試的一輛之外，另一輛新車通過，共計兩輛合格。」（茂木）

從對外發表合格消息到正式推出路面監測系統服務，歷時大約一年。這段期間，「針對全國地方政府，以及受託的工程顧問公司進行市調，多次討論採用的方式。」（茂木）以促成工程顧問公司採用理光的技術來作為推銷賣點。

單價低廉、累積長程來獲利的商業模式

理光的營收完全來自每一公里幾萬日圓這種以量收費的收入。「現有的路面監測系統多半一公里收費近十萬日圓。藉由運用立體攝影機和人工智慧，理光可以用幾分之一的價格提供服務。理光採取的商業模式是以低廉的價格提供，累積長距離獲利，對地方政府機關來說，這樣一來，過去包含許多無法實施路面監測的生活道路都能安排維護。」（茂木）

也受理監測七百至八百公里長距離的大型案件

事實上，服務正式推出之前，理光已接受東京都町田市委託，監測距離約三十公里的路面。目前更受理距離長達七百至八百公里的大規模專案。單純計算，預期商業規模營收兩千萬至三千萬日圓。如果能獲得更多地方政府機關委託，很可能成為理光前所未見的新商機。

過去檢測維修很難顧及一些生活道路，但理光希望提供更全面的道路安全。而理

光的路面監測服務恰好能解決社會課題，而且可以運用自家技術和人工智慧開發新業務。或許不久之後就會在住家或公司附近的道路上，看到理光以立體攝影機的雙眼與人工智慧頭腦提供的道路檢測維護服務。

日本氣象協會 Japan Weather Association

降雨預測的網格和時間詳細化，不需超級電腦即可實現並用於管理水庫

日本氣象協會開發使用深度學習的新手法，更詳細預測降雨。過去「二十公里網格．三小時雨量」的資料，一口氣提升到「五公里網格．一小時雨量」的精細度。

「今天要不要帶傘呢？」雖然這是小事，卻是日常生活中重要的課題，從對各行各業的影響到水災等大自然災害的預測，氣象預報與社會生活中各個層面息息相關。或許因為近年來氣候異常，大眾更關注氣象預報。另外像是提醒降雨量的降雨預測，如果更正確、包含更詳細的資訊，可以更廣泛運用於產業面或災害防治。日本氣象協會為了提供更詳細的降雨預測資料，使用深度學習開發了新手法，並且開始測試希望未來能實用化。

將給定的資料依時間性、空間性做更詳細分析的手法，稱為「降尺度」（downscaling）。日本氣象協會開發的技術，就是以人工智慧將降雨預測資料分別朝時間與空間兩個方向降尺度。

過去針對氣象資訊降尺度的手法，已經有將人工智慧運用於空間方向的做法，也就是只把網格分得更細的方式。但日本氣象協會執行董事暨CTO（技術長）鈴木靖表示，「這項針對時間、空間雙向降尺度的做法，是業界首創。」

想取得更詳細的資料

氣象預報是以過去的氣象資料為基礎，根據物理法則來預測未來的大氣狀態，以地球上大量格狀數值所列出的數值來預報。以這些數值為基礎，進行各式預報。然而，從列出數值的這些數字來做預報，無法立刻了解天候、氣溫、降雨量等細節。

這些當作基礎的資料是由日本氣象廳提供。氣象廳以統計手法製作、提供指導預報使用的「指南」。

「有一項是GSM（global spectral model，全球譜模式）指南，提供一週預報的資訊。但GSM指南只能提供二十公里網格、每三小時的資料，得到的是很粗略的預報結果。我們需要的是時間、空間兩方面都更詳細的預報內容。」（鈴木）

以往要從這類粗略的預報計算出更詳細的預報，使用的是統計學的降尺度手法。但運用這項手法時，由於時間方向的降尺度比較困難，會出現一項限制，就是計算量變得非常多。要達到時間與空間兩者皆降尺度，與其尋求統計學上的降尺度，不如找出減少計算量的方法。

以三維的時間與空間來打造深度學習模型

日本氣象協會以時間與空間兩者粗略的預測為基礎，希望進行更詳細的預測，想到的手法是運用深度學習。他們開發出的深度學習手法不僅可以在空間方向降尺度，同時也能在時間方向降尺度，嘗試在時間、空間上都獲得更詳細的預測資料。

「深度學習可以用很多影像來學習，並產生新的影像。在二維影像上加入時間維度，藉由輸入、分析、輸出三維資料，來達成時間、空間的降尺度。」（鈴木）至於運用卷積神經網路的深度學習模型，由日本氣象協會關西分社的山本雅也和增田有俊自行研發。

開發手法是藉由降尺度來預測降雨量。學習資料使用過去十一年份的氣象雷達和AMeDAS（Automated Meteorological Data Acquisition System，自動氣象數據採集系統）*實際資料中，由氣象廳提供的雨量分析資料。

現有資料為每一小時、一公里網格的日本國內降雨量實際資料，升尺度之後成為二十公里網格、每三小時的資料，用來當作學習資料。至於訓練資料，使用的是五公里網格、每一小時的實際資料。以這些資料集來讓深度學習模型進行學習，就能從二十公里網格、每三小時的GSM指南預測資料，變成能預測五公里網格、每一小時的資料。

鈴木表示，「系統學習需要龐大的運算，公司內所有配備GPU的電腦不夠用，還從外面借來建立模型。另一方面，要將GSM指南的預測資料降尺度，其實不需要超級電腦，只有一般的電腦也能做到。」

以降尺度手法減少與實際降雨量的落差

依照開發的深度學習模型類別，有些可輸入GSM指南提供的二十公里網格、每三小時降雨預測資料，輸出五公里網格、每一小時的降雨預測資料。事實上，對照過去降雨資料的實測值評估後發現，相較於GSM指南的資料，降尺度之後的資料在總雨量的落差或平均絕對誤差（mean absolute error, MAE）上都比較少。結果顯示，採用深度學習的降尺度手法，對降雨量的預測會比原先GSM指南更接近實測值。

「至於降尺度的資料，現在設想到的用途是有效運用在水庫上，或是提高洪水預測的準確率。預測水庫所在地區的降雨量時，二十公里網格太粗糙，很難判斷對水庫蓄水量的影響。若能以五公里網格來預測，能更正確執行洩洪等作業。」鈴木說明。

二〇一九年六月，深度學習降尺度手法相關論文發表。同年雨季開始，以實驗性質向國土交通省和水資源機構提供降尺度資料。

也適用於更詳細的降尺度資料或其他指南

雖然已經成功從GSM指南的二十公里網格、每三小時的資料產生降尺度之後的

*譯注：日本氣象廳使用的一種高解析度表面觀測網絡，一九七四年開始運作，用以收集區域氣象數據並核實預測性能。

五公里網格、每一小時的資料，但對日本氣象協會來說，這並不是終點。「有些地方仍需要更詳細的降尺度資料。這次因為深度學習使用的GPU等資源的關係，完成了能力範圍內的研發作業，但就技術上獲得的成果來看，接下來我們考慮發展更詳細的降尺度資料。」（鈴木）

現階段的目標是希望做到一公里網格、每一小時，甚至每半小時的降尺度。「希望在二〇二〇年到二〇二一年達成。如果一週份的氣象預報能夠以一公里網格、每半小時的資料來提供，使用範圍就會更廣。」（鈴木）

此外，除了GSM指南之外，目前正評估運用於其他指南。鈴木表示，「二〇一九年六月底氣象廳開始採用的中尺度系集預報系統（mesoscale ensemble prediction system, MEPS），或是歐洲中期天氣預報中心（European Centre for Medium-Range Weather Forecasts, ECMWF）提供的ECMWF系集預報，都可以使用這項手法。使用多達幾十筆多數預測的系集預報系統，即使用超級電腦也很難落實降尺度。但如果採用深度學習的手法，就算是系集預報也能成功降尺度。」未來預期可拓展適用範圍。

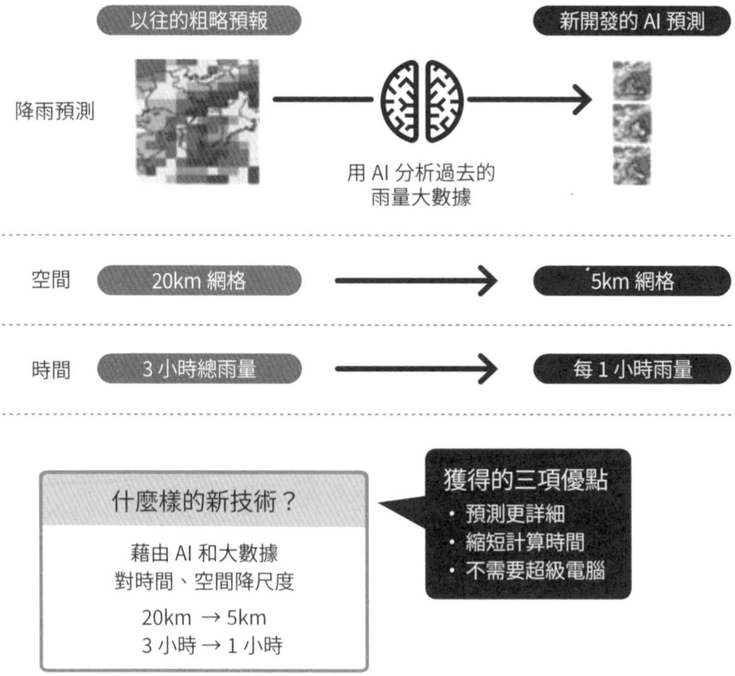

＊ GSM 模型的情況

將網格從 20 公里縮小到 5 公里，
預測時間間隔從 3 小時縮短到 1 小時

未來深度學習會像 Excel 這類工具一樣方便好用

對日本氣象協會來說，能夠以高準確率計算出詳細的雨量預測資料，就能提供給管理河川和水庫的中央與地方政府、各級機關，預期將擴大商機。當然，最終目的仍是藉由詳細的預測資料來防止水患，為擔負國民生活安全責任盡一份力。

鈴木提到，「如何在方便好用的環境下運用這些氣象資料，始終是一大課題，也是我們努力的方向。無論人工智慧或深度學習，都是一種工具。希望未來能打造出新的環境，讓使用這些工具就像表格軟體 Excel 這樣普遍又方便好用。為此，還要持續推動收集學習用的資料。」

據說即使日本氣象協會內部的氣象資料，也因為資料性質而有不同格式，或是有各自保管的場所。使用氣象資料讓深度學習模型學習時，關鍵在於能準備多少資料，以及用起來是否方便。因此，公司內部需要有良好的資料環境。這次因為運用深度學習，成功達到降雨量預測的降尺度。打好運用資料的基礎後，除了雨量之外，還能進一步朝其他氣候因素如風速預測等發展，希望對提供氣象資料有貢獻，讓國民生活更安心有保障。

日本交易所自主規制法人 Japan Exchange Regulation

全球首次在證交所導入偵測不法人工智慧，掌握不當交易「假買賣」

日本交易所自主規制法人使用人工智慧來偵測「假買賣」的股票不當交易狀況，提高下游工程業務的效率。目前日本是全球證券交易所運用深度學習來偵測不當交易的首例。

東京證券交易所和大阪交易所等所屬的日本交易所集團（JPX），旗下自主規範部門，也就是日本交易所自主規制法人的買賣審查部，使命是查出內線交易和操縱市場等惡質行為。市場上每天的交易都是以幾千萬筆的規模進行，自從股票高頻交易（high-frequency trading, HFT）等資訊科技進步之後，交易數量逐年增加。因此，花時間偵測、分析出不法行為也越來越困難。這是目前面臨的課題。

於是，二〇一五年八月創立人工智慧讀書會，開始評估人工智慧是否能有效運用於廣泛的股票交易領域。聽取各家人工智慧相關公司的提案後，考量運用於買賣審查而採納了NEC的提案。之後與NEC攜手合作開發，二〇一八年三月達到實用化。

人工智慧支援初期調查

說明一下買賣審查流程。

在稱為「arrowhead」的買賣系統下單後，所有資料都會傳送到審查系統。被視為不法的交易會在這裡自動擷取出來。例如，交易量暴增、股價劇烈震盪等，從各個角度列出擷取條件並制定規則。審查系統一年大約可擷取出一萬兩千件，換算成一天則多達五百件。接下來審查負責人會展開初期調查，其中特別有問題的進入正式調查。然後，只有真正接近「違法」的才會到最後的審查。

這個系統使用人工智慧支援的是初期調查的一部分。而且要審查的僅限不法行為中案件數量最多的「假買賣」手法。假買賣是指大量下單營造出交易熱絡的假象，藉此吸引其他人交易。

人工智慧針對審查系統擷取出看似不法的交易後，會給0到100的分數。分數越高，代表不法的可能性越高。審查負責人參考評分的同時，在調查中加權。

「目前進入檢驗人工智慧評分是否恰當的階段。只不過，實際推動運作時，某個水準以下的分數可忽略。」負責人表示。話說回來，初期調查階段的削減效果很難用數字表現出來。

提升人工智慧準確率的關鍵在於審查人員的見解

這次採用的是搭載深度學習的NEC軟體「RAPID機器學習」。擅長從複雜資料中自動擷取出特徵量的深度學習，應該很適合運用在這類偵測不法的領域。然而，運用上也面臨難題。從初期調查進入到正式調查的，一年約有一千件，包括假賣以外的案子。更進一步深入審查的，一年約數十案。

「人工智慧開發最辛苦的是訓練資料很少。相較於全年幾億水準的總成交數，審查系統擷取出（有不法疑慮）的資料一年只有約一萬兩千件，真正涉及不法的資料可能更少。正反兩方的案例差距太懸殊，很難提升到一定的準確率。」該公司的專案負責人表示。

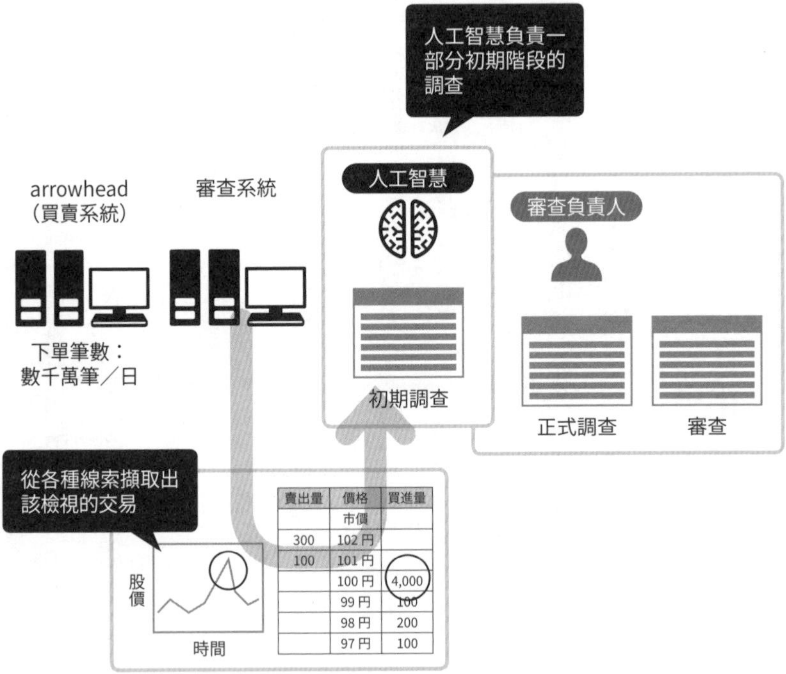

操縱行情的買賣審查新流程

為了解決這個問題，買賣審查部和NEC反覆討論，讓NEC了解審查人員的各種看法之後，多次調整人工智慧。該把重點放在取消下單的數量，還是留意這時顯示買單與賣單各自價格的「盤」況，眾說紛紜。一一交換意見的同時，討論如何反映在調整系統上。

此外，為了提升人工智慧評分的準確率，花工夫再次學習。再次學習每半年進行一次，在此之前也會更改幾次模型。再次學習時加入新的觀點，或是增加學習資料，過程中實際感受到準確率逐漸提升。

「比起精準了解那筆交易是否違法，更重要的是不要放過可疑的案例。因此，現狀是人工智慧評分有提高的趨勢。至於提升準確率的作業，接下來會持續進行。」該公司的專案負責人說明。

人工智慧是否能帶來新的提示？

根據這個案例的技術應用，目前正在評估人工智慧審查除了假買賣之外是否適用於其他手法，或是可運用到其他部門和業務等橫向發展。然而，遇到的問題也是深度學習的特徵，就是雖然準確率高，卻無法說明為什麼會出現這樣的結果。

為了克服這一點，討論中出現「異種混合學習」的手法。合作夥伴ＮＥＣ提出的這項手法，以所謂白箱型（white box）的人工智慧代換，得出某個分數，藉此掌握哪些因子會產生多少作用。只不過，異種混合學習並不是深度學習手法，準確率通常會下降。現階段正以掌握假買賣所使用的深度學習手法和異種混合學習這兩種方式在完全相同的條件下學習，驗證準確率會有多少落差。據說異種混合學習的準確率也逐漸提高。

「人工智慧有極高的潛力。我們對人工智慧寄予厚望，希望它能讓我們發現新的提示。為此，必須努力提升人工智慧的準確率，讓人工智慧判斷時更加黑白分明。」該公司的專案負責人說道。

misosil

以社群網站服務廣告揭發網紅不當行為，用人工智慧發現灌水的追蹤者

網紅在社群網站上有莫大影響力，判斷的標準是追蹤者人數。因此之故，追蹤者人數灌水的現象層出不窮。對於這種現象，misosil（東京港區）目前可做到有效監測，並運用技術展開暢銷的創意分析。

年輕族群高度關注 Instagram、Twitter，追蹤者多、對口碑影響力大的「網紅」的發文，從化妝品使用、衣著穿搭，甚至用餐選擇的餐廳，都與年輕族群的生活有深刻共鳴，舉足輕重。

換句話說，網紅推薦商品或店家，都具有廣告效果。網紅灌水追蹤者人數的不當行為，引發社群網站上廣告的問題。致力開發社群網站分析服務的 misosil 提供了一項新功能，使用深度學習來檢測網紅這類不當行為。

misosil 的社長木村忠雅表示，「社群網站上的廣告刊登，網紅的追蹤者人數是一項指標。如果追蹤者人數有不當灌水的狀況，廣告主無法獲得付費相對應有的效果。希望有個新的社群網站廣告正確指標，因此我們認為需要一項功能來驗證網紅的不當行為。」

最近不少網紅花錢買追蹤者人數，企圖藉此獲得高報酬。「幾年前我們慢慢發現這個問題，就是所謂追蹤者人數這些指標究竟是不是真正的數字。廣告主這方的意見也出現越來越多質疑的聲音。於是，二〇一八年底正式著手開發這項檢驗不當行為的功能。」木村提到研發的背景。

社群網站效果測試服務採用機器學習

misosil 創立於二〇一五年八月，包括木村在內的多位高層當時任職於瑞可利（Recruit）。隔年二〇一六年，獲得 GMO Venture 新創援助資金，正式展開運作，並以分析社群網站服務「Tofu Analytics」為核心推動業務。

Tofu Analytics 提供的服務是針對使用 Instagram、Twitter 的行銷行為，鎖定對資訊傳播有幫助的網紅加以分析。透過帳號發文數量、品牌名稱和主題標籤等關鍵字的發文可視化、轉發與「讚！」的數量等分析，鎖定對活動有貢獻度的網紅，協助用戶企業進行行銷活動。Tofu Analytics 主要的演算法採用機器學習，將發文內容分類為正面發文和負面發文。至於新增的「附加功能」，也就是網紅不當行為檢測功能，使用的則是深度學習。

目前已有大型廣告商採用這項服務，分析廣告的效果；旗下有眾多演藝人員的經紀公司，也導入這套系統分析藝人在社群網站上發文的效果。最新開發出的檢測不當行為功能，以這項服務的附加功能形式提供。在原本測試網紅廣告效益的服務上多加了這個新功能，可事先判斷網紅是否有灌水追蹤者人數的不當行為，並提供報告，藉此執行準確率更高的網紅行銷策略。

即使對灌水追蹤者人數的網紅發文支付報酬，當然也不可能達到期望的效果。這些灌水的追蹤者大多從國外購買，「表面上有十萬名追蹤者，但轉發量卻極少，完全看不出十萬的實力」，這種情況時而發生。類似這種灌水網紅，實際上看到貼文後多半能分辨。

「檢查發文和圖片內容、時間軸的內容變化，或是從過去發文的『按讚』數以及轉貼分享等互動狀態與追蹤者人數的比例來檢視，就能大致判斷出灌水網紅。不過，有些類型就算用人力判斷也覺得遊走在灰色地帶，因此我們才想到開發以深度學習自動化檢視過去人工判斷的不當灌水行為。」木村說明。二〇一八年底剛好稍有餘裕，一行人自行嘗試開發。

可達到人工判斷「正確答案」的約九成，由自家公司開發

開發是在公司內部進行。程式使用 Python 撰寫，深度學習函式庫運用包括Google的應用程式介面（API）加上現有資源的複合技法，以獨特量身定做的方式來運作PDCA循環。

訓練資料主要使用 Instagram 的資訊，包括張貼照片拍攝的內容、使用者屬性、年齡和居住地等個人資料、追蹤者人數、貼文數等數值資料。至於「歡迎兼差」、「投資物件介紹」之類有別於一般社群網站使用者貼文的另類帳號，連文字內容都讀取。準備好這些資料集後，以人工分辨是否為灌水網紅，用「土法煉鋼」（木村的說法）的方式來建立正確資料。

剛開始遲遲無法提升準確率，木村回顧，「這其實是艱難的挑戰。」該使用哪一項資料才好，過去的資料要看多少才夠……不停反覆試誤學習，過程中慢慢提升準確率。等到獲得一定的準確率之後，在訓練資料中「正確答案」是否為不當行為的區分作業上，再加入深度學習得到的答案中準確率較高者，藉此增加資料集的數量，持續學習。

達到超過人工九成的準確率

以人工判斷的灌水網紅作為「正確答案」，相對之下，深度學習的判斷已經可達九成至九成五的準確率。木村表示，到了這個階段覺得開始上軌道。當初利用工作之餘開發，經過將近三個月總算有了進展。

「判斷灌水網紅的作業，即使人工來判斷也不可能百分之百正確。如果運用深度學習，與人工作業相較之下，可以獲得超過九成同樣的答案，製作檢測不當行為的輔助資料就有相當的意義。」事實上，讓現有客戶試用運用深度學習的不當行為檢測系統，「普遍的反應都表示能夠接受。」（木村）

有了這番成果，misosil 正式提供服務。二〇一九年五月，該公司公布以深度學習檢測網紅不當行為的功能成為 Tofu Analytics 的「附加功能」，全新上線，大力推銷。

不當行為的分布依商品和領域而異

公開網紅不當行為檢測功能後，misosil 收到相當多詢問。「因為『misoshiru』（味噌湯）這個日本人一定忘不了的公司名稱，加上以全球通用的『Tofu』（豆腐）作為商品名稱比較少見，我們收到將近百件詢問。在這之前，Tofu Analytics 有幾十位用戶，檢測不當行為的報告也有幾十件。當初我們認為有必要性才投入，看到這些反應很欣慰。」（木村）

目前不當行為檢測功能已經有一些大企業和大型廣告商採用。有些以 Tofu Analytics 分析活動效果時，事先一併使用不當行為檢測功能，採取綜合用法；或者只單獨使用不當行為檢測報告的功能，方式各有不同。

事實上，提供這項服務之後，「發現反應分成兩種，一種是灌水網紅『比想像中多』，另一種則是『比想像中來得少』。從反應的差異得知，灌水網紅多寡，與商品

和領域有關。不當行為較多的領域，建議可事先進行檢測，雖然多少得花點費用，但能找到優質的網紅比較有利。」（木村）

回顧一開始的目的，是想揪出網紅本人刻意購買追蹤者帳號灌水的不當行為，但隨著深入分析，發現也有使用者正常發文，但由於熱情追蹤者支持而擅自購買帳號為網紅灌水追蹤者的案例。針對這類情況，也需要判斷出來，才能分辨出與投入成本效益真正相符的網紅。

木村表示，「資料怎麼解讀，就看廣告商的判斷。但我們希望藉由觸及未必正確的現況，讓客戶使用正確的指標來作為判斷依據。另一方面，要讓從事不當行為的網紅知道，這種行為很難繼續下去。」

misosil 運用深度學習將檢測不當行為的功能實用化，下一步的發展是開發出以競爭對手角度來分析社群網站廣告創意內容的機制。以深度學習擷取出影像用於什麼用途，或是以什麼樣的文字為訴求等，分析出最直接有效的創意手法。

「機械能做的事情就交給機械。我們希望空出的時間去做些只有人力才能完成的事。」木村表示。不當行為的檢驗或有效創意的分析，都能利用人工智慧作為工具，同時將人力投入於深入思考，獲得更好行銷效果。不久的將來似乎能實現這種社會。

拓普康TOPCON

從眼底影像解讀健康狀態，將設備數據資料加工的「感測人工智慧」

光學設備製造商拓普康持續推動以人工智慧從眼底影像解讀個人健康狀況的實測。從眼底影像獲得的資訊比想像中來得多，運用深度學習能了解很多內容。拓普康的目標是透過「感測人工智慧」加工從自家公司設備中獲得的資料，成為資料平台營運商，真正實踐該公司的初衷。

二〇一八年六月，以測量儀器和眼科專用醫療器材為主力的綜合精密設備商拓普康，與人工智慧開發創投ＡＢＥＪＡ（東京港區）合資，推動應用ＡＢＥＪＡ人工智慧平台「ABEJA Platform」的人工智慧進行影像分析實測。分析的對象是眼底影像。由於眼睛內部透明，可以從外部直接看到眼底的血管和神經。由眼底狀況的變化可掌握到高血壓、糖尿病等腦部和眼睛的疾病所顯現的各種徵兆。

「長久以來，眼睛被當作『身體之窗』，經驗老到的醫生只要觀察患者眼睛，多少能診斷出疾病。然而，過去這樣的診療並沒有定量化或理論化。隨著深度學習技術出現，到篩選層級都能以人工智慧來判斷。」拓普康董事兼常務執行董事研發本部長福間康文表示。

海外運用眼底影像的案例

Google也規畫健康醫療運用人工智慧的相關服務，關注的焦點恰巧也是「眼睛」。根據二〇一八年該公司發表的論文，藉由以深度學習分析眼底影像，可以在高準確率下判斷出使用者的年齡、性別、是否吸菸、肥胖程度、是否可能罹患糖尿病或高血壓等現象，還能預測心臟疾病的風險。

「我猜這份論文讓很多眼科醫生大吃一驚。過去大家並沒有認知到，可以從眼底判斷出性別。性別判斷的準確率高達百分之九十七，跟看人臉判斷性別的結果幾乎一樣。」福間表示。

美國目前已經有使用人工智慧的眼底診斷服務。美國IDx公司開發的「IDx-DR」

能以人工智慧自動診斷系統從眼底影像檢查出糖尿病視網膜病變，這套系統也是全球第一個獲得美國食品藥物管理局（FDA）認證的相關產品。這套系統採用拓普康的全自動眼底攝影機「TRC-NW400」，FDA的認證條件是必須使用這台攝影機的影像。二〇一八年十月，拓普康與IDx簽訂獨家合約。

費神的眼底影像註記作業

拓普康與ABEJA合作，目前正進行運用人工智慧平台的眼底影像分析人工智慧系統實測。最辛苦的是在眼底影像加註標籤或做記號，製作訓練資料的註記作業。

這套人工智慧平台提供了註記工具。「眼底影像應該由醫師來註記，但為了避免同一筆影像上多人重複相同的作業，或是要配合做記號的作業標準，用平台提供的工具來管理。由於出現病徵的地方，甚至有些外行人看不出的細節都要做記號，每一筆影像資料都得花上很長時間。」ABEJA研究員白川達也說明。

訓練資料製作完成後，就能在人工智慧平台上使用深度學習來讓系統學習。由於可自由選擇模型，也能建立學習環境。學習上設定多項指標，反覆試誤學習後，已經能做到比較管理結果。這套人工智慧平台能針對人工智慧開發的整個過程進行管理。

「我們的使命是人工智慧開發的標準化，但並不僅滿足於這個目標。必須深入了解每個業界特殊的關鍵部分，這次和拓普康的合作讓我們學到很多。」白川表示。

「感測人工智慧」將資料加工成人工智慧方便使用的形式

拓普康投注於這些業務之後，還規畫什麼樣的事業呢？福間指出，單純提供使用人工智慧的眼底診斷服務並不是最終目標。

「我們認為人工智慧有兩種類型。一種是在數位環境提供各種服務的『應用型人工智慧』，另一種則是為了讓應用型人工智慧更加方便好用，而將現實環境以感測後的資料加工的『感測人工智慧』。接下來我們該關注的領域應該是感測人工智慧。例如，用深度學習將充滿雜訊無法分析結構的3D影像去除雜訊後，就能進一步分析。我們的目標是成為這類資料的平台營運商，針對開發人工智慧服務的公司提供資料。」

除此之外，拓普康也銷售進行視網膜斷層攝影的視網膜光學斷層掃描儀（optical coherence tomography, OCT）。藉由這項設備得到的斷層影像運用備受矚目。「視網膜光學斷層掃描還是很新的技術，畫質和性能等方面日新月異。這是我們必須搶先一步專注的領域，我們認為這同時也是實踐感測人工智慧的方向。」福間提出看法。

運用 Edge AI 建立個人健康管理系統

對設備製造商拓普康來說，也高度關注 Edge AI。福間指出，就像四十年前微軟電腦出現時，讓各式設備的功能都大幅成長，同樣的狀況現在可見於人工智慧領域。「醫療牽涉到隱私問題等，有時不能把資料上傳到雲端。未來對於在邊緣裝置以人工智慧處理的需求想必越來越高，期待 ABEJA 提供落實 Edge AI 的開發環境。」

拓普康規畫的是將從眼睛獲得的資料運用到極限，建立個人健康管理系統。福間說明，「不必抽血、不必注射藥物。光是測量雙眼就能收集到很多資訊。而且不僅眼睛的疾病，對於全身的健康管理都很有效。未來從眼睛獲得的資訊會越來越重要，希望對於透過眼睛的健康管理有貢獻。」

Ollo

每月三萬日圓導入人臉認證系統，運用邊緣裝置實現高速、高準確率

人工智慧開發新創企業Ollo（東京文京區）開發了在邊緣裝置上運作的高準確率人臉認證系統，目前正朝實際導入測試。令人驚訝的是，每台設備初期費用是三萬日圓。月費三萬日圓，導入費用堪稱非常低廉。使用深度學習的人臉認證系統通常需要高規格電腦，昂貴的價格令人卻步，但這樣的「常識」可能將被徹底顛覆。

Ollo創業於二〇一九年二月，可說是才創立不久的公司。擔任代表董事的川合健斗與東京大學研究所松尾豐教授的研究室素有淵源，曾參與許多專案。松尾同時也是Ollo的顧問。Ollo開發的人臉認證系統目前已在多間公司展開實測，川合提到，不久之後將有公司實際導入。

即使戴著口罩仍能從側臉進行人臉認證

該公司提供的是裝在長十五公分、寬十公分、高五公分左右小盒子裡的邊緣裝置，以及附加的服務。靠近使用第一線就能處理資料的這套邊緣裝置，搭載了能將資料傳送到伺服器的行動ＳＩＭ，接上價格便宜的網路攝影機就可使用。如此簡單，就能使用高準確率的人臉認證系統。這項產品讓人預見時代正在轉變。

看了介紹影片便能了解實際運作流程。事先將臉部資料登錄好，然後工作人員快步通過設置在辦公室大門的攝影機前。系統會對照事先登錄好的工作人員臉孔資料，瞬間顯示當下通過大門的是誰。就算同時有多人經過也能順利認證。

「提到人臉認證，印象通常或許是得站在攝影機前面靜待認證，但這套系統只要經過就能認證。其中最大的一項特色是即使戴著眼鏡或戴口罩，甚至是正側面都能認證。至於認證的速度，每一格大約零點二秒。」川合說明。事先登錄的臉部資料就算沒戴眼鏡、沒戴口罩，而且是正面，遇到上述狀況還是能成功認證。

認證測試正確率百分之九十九點八一

認證的準確率究竟多高呢？認證人數越多，認證準確率就會降低。因為分辨一千人的難度比一百人高得多。Ollo製作了五千人的姓名資料庫，進行十四萬八千六百六十四筆照片的認證測試，結果正確率達百分之九十九點八一。

「過去我們在研究提高人臉認證準確率的同時，持續嘗試用各種手法加快認證的速度。一般來說，想要讓速度更快，準確率就會下滑，容易出現抵銷的關係。但多虧我們開發的深度學習模型準確率極高，即使提升速度也幾乎不會造成準確率下降。」一川合表示。

系統設置非常簡單。將邊緣裝置插上電源，架設好拍攝用的攝影機。然後連上Ollo準備的儀表板，把希望進行人臉認證的臉部照片登錄進系統。光是這樣，就完成可進行人臉認證的狀態。

以小容量資料傳輸，安全又便利

在邊緣裝置偵測臉部並掌握特徵之後，將特徵量轉為小容量的資料，以行動裝置SIM傳送到伺服端。在伺服端與事先登錄的照片特徵量進行對照後認證，作業流程大致如此。

由於拍攝的影片本身並不在行動SIM與伺服器之間傳輸，萬一遭駭也不會有個資外洩等資安問題。此外，通訊費用比直接傳送影片低廉許多。

開發方面著重的是如何保持準確率又讓模型變得輕量，以及在邊緣裝置上執行的軟體如何高速化。

導入最新論文的技術來加快速度

「深度學習的開發並不是將影像放進模型中連上網路就結束，必須參考大量最新的論文，採用各項技術反覆試誤。我們從網路結構下工夫，其他像是邊緣裝置端的軟體也是自行開發，花了很多心思。」川合表示。

至於提升準確率的關鍵，則是提供學習的影像訓練資料預處理（註記）。Ollo自行開發了註記工具，目前有七名註記人員維持日常作業，不斷增加學習資料。

影像是從網路上抓取獲得。讓註記工具看過後，畫面左上角出現作為正確答案的一張照片，下方列出五百筆左右類似的影像。人工目測判斷其中並非同一人的照片。「這樣的資料我們有大概十萬人份，也就是五千萬筆資料可供學習。這項註記作業不是人人都能達到相同水準。其實難度非常高，而且需要一段時間適應，沒辦法委外作業。」川合說明。

初期費用三萬日圓，月費三萬日圓非常便宜

至於導入費用，以基本費來說，每套設備初期費用三萬日圓，之後月費也約三萬日圓。與現有的其他廠牌系統相較，非常便宜。「知名大廠推出的人臉認證系統費用都是以幾百萬日圓為單位。也有提供人臉認證API的美國大廠，收費系統同樣非常昂貴。」川合提到。

除了辦公室之外，還有哪些場所能使用呢？戶外工地等有多個出入口，而且現場

有戴著口罩或安全帽的工作人員進進出出，這類場所過去很難管理出缺席，這種條件不佳的環境亦能導入使用。

期許拓展深度學習的應用範圍

雖然目前只特別著重人臉認證，但未來希望結合長者跌倒偵測或保育設施等場所的暴力偵測與人臉認證，以及特定地區的出入監控等功能，正評估各式各樣的服務。

「一般來說，運用深度學習的產品或服務總覺得障礙重重。不僅開發要花上一筆費用，對於採用的企業來說也不確定是不是真的有效果，所以投資時不免猶豫。藉由這次推出的系統，讓大家用低廉的價格體驗深度學習的便利，希望未來能拓展深度學習的運用範圍。」川合表示。

第六章

了解尖端技術的動向

前面章節具體看到企業等如何運用深度學習提升業績，或是對社會有貢獻的實際案例。然而，從某個角度來說，這些所使用的都算是「過去」的技術。

本章將介紹未來的技術。雖然很多是接下來才會在社會中實現，但都是研究人員和工程師之間備受矚目的深度學習最新技術。如果讀者想要想像這些技術在未來商場上的運用，並了解技術的最新動向，千萬不要錯過。

生成對抗網路相關論文數量至二〇一八年底在兩年內多了超過十倍

首先，稍微說明深度學習技術一直以來的演變，然後介紹備受矚目的影像辨識。接下來，特別受關注的是持續研發的生成對抗網路最新發展。根據美國軟體開發者社群平台 GitHub 公布的資料顯示，生成對抗網路相關論文數量到二〇一八年底的兩年內，已經增加超過十倍。本書將介紹各種類型生成對抗網路的幾個案例。

接著要介紹的是自監督學習（self-supervised learning）和自動註記（automated annotation）這類提升深度學習作業效率的技術。深度學習經常運用於希望讓過去仰賴人工的作業變得更有效率，但深度學習本身在提升準確率的過程中很耗人力。這些研究正是為了解決這樣的問題。

最後，是能夠分析圖結構，也就是多數串連資料結構的深度學習。然後，介紹相較於影像辨識比較少討論的運用深度學習的自然語言處理領域相關進展，以及Google「BERT」等案例。

技術進程

劃時代論文〈深度信念網路的一種快速學習演算法〉

為了掌握深度學習相關技術的全貌，首先讓我們回顧一下技術的演變。二〇〇六年，多倫多大學的辛頓教授發表類神經網路劃時代論文〈深度信念網路的一種快速學習演算法〉，就此點燃深度學習研究之火。二〇〇七年之後，研究論文中開始使用「深度學習」一詞。

接下來，二〇一二年之後出現重大進展。主要原因之一是Google發表了「貓臉辨識」研究。藉由觀看大量上傳影音網站「YouTube」的影像，成功擷取出內在特徵。

另一個契機則是在全球性視覺辨識競賽「ＩＬＳＶＲＣ」中，辛頓教授率領的團隊 SuperVision 運用類神經網路的「AlexNet」手法，將一年前的誤差率百分之二十五點八一舉降低到百分之十六點四，減少了將近四成，大獲全勝。接下來優勝隊伍繼續運用深度學習，降低誤差率。

這項技術的特徵「深度」也逐年進化，從最初大約八層結構的類神經網路，二〇一四年獲勝的 Google 團隊「Inception」是二十二層，到了二〇一五年奪冠的微軟亞洲研究院（Microsoft Research Asia, MSRA）何愷明（Kaiming He）團隊「ResNet」使用多達一百五十二層網路。話說回來，越多層越容易影響運用時的處理速度，因此重要關鍵是如何找到多層化與高速化的平衡點。

在影像辨識領域延伸至商業範疇

後來，二〇一六年，Google 收購的英國 DeepMind 所開發的圍棋人工智慧 AlphaGo 擊敗職業棋士，引發熱烈討論，採用深度學習的人工智慧廣為人知。AlphaGo 使用了超過三千萬手棋步來訓練。但新一代的 AlphaGo Zero 採用的是僅指導圍棋基本規則，其後與自己對弈的反覆「自學」方式來提升實力。結果，實驗三天後，AlphaGo Zero 在與 AlphaGo 初版的對弈中獲得百戰全勝的成績。

過去幾年深度學習之所以有大幅進展，背景因素是電腦性能提升到另一個境界，使得多層深度的結構計算能夠更快速有效地處理。受到這股風潮影響，首先達成實用化的就是影像辨識領域。「因為深度學習使得影像辨識的準確率大幅提升，進入實用階段，影像辨識領域一下子變得充滿商機。」（日本深度學習協會理事井崎武士）

日經xTREND於二〇一九年六月至九月實施「AI活用支援新創企業問卷調查」，在自家公司擅長處理技術項目回答「影像處理」的企業有百分之六十二點九，相較於前一年的百分之五十三點五大幅成長，證明影像處理已經拓展到商業領域。

另一方面，在各公司擅長的業務領域部分，「製造・生產（生產第一線的高速化等）」為百分之四十五點五，高於前一年的百分之三十點三，也是一大特徵。這項數據的背景是過去以人工目測檢查不良品的作業改用人工智慧取代，也就是在生產第一線運用人工智慧的進展，實際上這也是因為在關鍵技術上採用了影像處理的結果。

協助具創造性的生成對抗網路

進入正式的開發競爭

影像辨識和影像處理領域已經來到實用階段的深度學習，這項技術日新月異，各個面向都出現開發競爭。首先要特別留意的主題是「生成型」的GAN，也就是generative adversarial network，譯為「生成對抗網路」。這是蒙特婁大學博士生伊恩・古德費洛（Ian Goodfellow，現Google研究員）在二〇一四年提出的。二〇一七年之後，市場上正式展開生成對抗網路開發的競爭。

生成對抗網路是生成模型的一種，從原本的資料中學習特徵，就能產生實際上不存在的資料（具體案例後述）。這是一種「非監督式學習」，也就是即使未給予有正確答案的資料也能學習的模型。這項新手法的特徵不是分類或辨識的演算法，而是由類神經網路創造出新事物。

產生不存在的資料的意義，指的是甚至能將影像中的人物巧妙「偷天換日」變成另一個人，近來這類「深偽技術」（deepfake）造成社會問題。連捏造的美國總統影像都出現在網路上。當然，無庸置疑，使用最新技術時必須遵守基本道德。那麼，接下來就看看生成對抗網路是怎麼運作的。

並用兩套類神經網路，自動生成接近真實的資料

生成對抗網路同時使用生成器（generator）和判別器（discriminator）這兩套類神經網路。

生成器從雜訊資料中生成資料；另一方面，判別器判別輸入的資料是否為學習資料（真正的資料）。學習分成兩個步驟，輪流進行。一個步驟是將學習資料輸入到判別器，以判斷真偽來學習何者為真。另一個步驟是將生成器生成的資料輸入判別器，以判斷真偽來學習何者為偽。輪流進行這樣的步驟，生成器就能夠生成接近學習資料的資料。負責生成的生成器與判別何者正確的判別器，兩者之間是對抗（adversarial）關係。不過實際上，兩者更接近共同合作。

這就好比製作偽鈔者與警方之間的關係。偽造者設法製造出接近真鈔的鈔票，相對地，警方努力辨識出真鈔與偽鈔。在這個過程中，警方的能力逐漸提高，能夠清楚

分辨真鈔與偽鈔。但這麼一來導致偽鈔無法魚目混珠，偽造者就會製造出更接近真鈔的偽鈔。警方繼續改善、提升到能分辨真鈔與偽鈔……。到了最後，偽造者就能製造出以假亂真、難以分辨的偽鈔。

StyleGAN 與 GauGAN 也登場

來看看具體的研究成果案例。全球繪圖晶片大廠輝達（NVIDIA）發表以世界名人臉孔作為學習資料，產生名人臉孔影像的演算法。這套演算法名為「Progressive Growing of GANs」，採用該公司自行開發的生成對抗網路。

生成對抗網路的問題多半是因為計算時間的關係，受限於一百畫素以下相對小的影像。「Progressive Growing of GANs」適用於畫素放大到甚至1024×1024的大型影像。

此外，輝達目前正加速研究開發可控制操作特徵水準的 StyleGAN，以及可從著色畫生成風景等影像的 GauGAN 等手法。StyleGAN 除了能將虛構人物的樣貌如素描般以清晰的解析度呈現，還能把兒童的容貌變成大人或男性變成女性等。

支援平面設計創意人

如何有效應用生成對抗網路？直接想到的是支援插畫家或設計師等平面設計相關創意人的業務。運用 GauGAN，只要用粗略的線條描繪景色，再對線條圍繞的範圍按下按鈕，指定高山或湖泊，就能加深各範圍的相關性，自動轉換為自然風的影像，自動生成看起來毫無破綻、精緻度高的風景畫。

使用這套手法，創意人能夠在短時間內完成想創作的影像，而且無論修改多少次都沒問題。不僅如此，還能創作出超乎自己想像的作品。

在影像編輯器等介面上，只要手繪之後再指定，幾秒鐘就能生成符合條件類似照片的影像。這項技術運用範圍非常廣泛，比如建築師製圖描繪建築物或周邊環境，或是人工智慧研究人員因應自動駕駛系統學習而加入特殊的輸入影像等，應用上潛藏無限可能。

在日本，則有人工智慧開發商 DataGrid（京都市）以生成對抗網路達成自動生成偶像臉孔人工智慧系統的案例。目前該公司運用同樣的手法，展開自動生成動畫人物角色的新業務。

採用輝達開發的 GauGAN 編輯畫面範例。對速寫的著色畫（畫面左側）按下按鈕後，指定天空、高山、湖泊的話，就會加深各範圍的相關性，自動轉換為自然風的影像，自動生成看起來毫無破綻的高精緻度風景畫（畫面右側）。反光、陰影等也會配合整幅圖的脈絡自動生成。使用網路圖片共享服務「Flickr」上張貼的一百萬張影像來學習（出處：輝達）

此外，最近還出現自動生成這種生成對抗網路模型的 AutoGAN 技術。這項技術採用「類神經網路架構搜尋」（neural architecture search, NAS）的手法，類神經網路架構搜尋會連模型結構一併最佳化。因此，能夠產生準確率更高的模型，但缺點是學習時間過長。一、兩年前，類神經網路架構搜尋需要使用多達幾十台圖形處理器且耗時數週，但是近來出現只靠一台圖形處理器就能在四小時內學習的類神經網路架構搜尋系統，實用性提高，廣受矚目。

生成對抗網路相關的各種方法論，相信接下來還會陸續出現。

提升學習和註記等費工作業的效率

自行判斷來「學習」

深度學習運用的一大瓶頸是少不了人工作業的部分。大幅減輕這類作業的各項研究正加速進行。其中一項研究是「自監督學習」，屬「監督式學習」的一種，由自我判斷來進行學習的技術。

機器學習（深度學習是機器學習的一種手法）的演算法大致分為「監督式學習」與「非監督式學習」。「監督式學習」可以想像成老師出題並教授正確答案。也就是對電腦給予大量的「輸入資料」及「訓練資料」（正確答案）的組合，讓電腦讀取輸入資料的特徵，並學習輸出正確答案。例如，在「輸入資料」中給予大量影像資料，在「正確答案」指定花、動物等類別，藉此讓電腦在觀看特定影像時能判斷出這個類別是花還是動物，用這樣的方式來學習。

另一方面，「非監督式學習」只有輸入資料，沒有對應的一組正確答案，而是用一套讓電腦發現輸入資料規則性和趨勢的演算法。一般來說，機器學習大多採取「監督式學習」。

然而，要執行這類「監督式學習」必須先準備大量的「輸入資料」和「正確答案」，而這些資料多半由人工來準備，非常耗費工夫。為了解決這個問題而出現的技術，就是「自監督學習」。

從單色影像推測彩色影像

簡化之後可說明如下。舉例來說，想把A這筆鳥類單色影像轉換為全彩，要先在資料庫或網路上收集不同於A的其他鳥類全彩影像，利用已將那些影像轉換為單色影像的資料集來學習。這個方法便是利用學習所得的結果，從A這筆鳥類單色影像推測出全彩影像。

這個方法的前提條件是，針對A這種鳥，以及A以外其他鳥的顏色，在身體特徵與顏色的相關性上多少類似。至於其他例子，比如以影片中兩張靜態影像為基礎來推測攝影機的動態等。

自監督學習的研究二〇一八年後半開始受矚目，二〇一九年後正式推展。目前各界都寄予關注。二〇一九年六月舉辦的機器學習講座上，ICML2019（國際機器學習大會）的工作坊也成為眾人討論的話題。預期今後發表的研究成果會越來越多。

「自動加註標籤」的研究也加速了

以效率化這個觀點來看，還有另一項值得關注的技術，就是「自動註記」。註記是在文字、語音或影像等資料上加註標籤的作業。

在監督式學習中，為了有準確率高的演算法，必須在資料上正確加註標籤。但這項作業一般仰賴人力，非常費工。

以自動駕駛為例，面對出現汽車或號誌等多數物體的影像，比方說操作滑鼠沿著汽車的外型繞一圈，切下影像後，為這筆影像加註汽車種類（車款或顏色等）相關標籤。這類註記作業不少是在人力成本便宜的國家或地區進行。

這類由人工註記的作業，要自動化提升效率的方法之一就是「自動註記」。舉個例子，準備好已經加註標籤的資料，讓系統學習之後，使用訓練後的模型，從註記對象的資料自動產生標籤，把這個當作訓練資料。在這個例子裡，如果能開發出自動加註標籤，也就是自動註記工具，就能提升作業效率。這套工具可由人工智慧合作廠商提供，或者視對象資料是醫療影像還是通路零售商的影像等，根據不同種類區分使用最適合的工具。

運用自動註記的作業步驟如下：①從資料庫或網路上收集加註標籤的影像；②準備能將收集的影像分類的卷積神經網路（讓系統學習）；③使用自動註記工具為影像加註標籤；④對照影像來檢查註記結果是否正確，若註記不符就刪除該標籤；⑤註記正確的資料保存下來。

應用於圖結構的GNN、應用於自然語言處理的BERT備受矚目

圖結構為社群網站、運輸網和分子結構分析開拓道路

深度學習也正式運用到一些過去認為難度較高的領域，比如具有圖結構的資料分析，以及應用於自然語言處理等。

其中受矚目的領域之一是二〇一八年出現重大進展的圖神經網路（graph neural network, GNN）。這裡所說的圖，係指一種資料結構，像是環狀網路結構、Facebook之類社群網站、運輸網、分子結構、神經迴路等，泛指所有具備連結的結構。這類資料結構的「圖」若能適用於深度學習或機器學習，預期就能應用在預測車輛壅塞或藉

由分析分子結構來開發新藥等。

全球最大規模的圖片共享服務「Pinterest」，二〇一八年使用圖神經網路的改良版「圖卷積網路」（graph convolutional network, GCN）進行實驗。使用者可以用稱為「pin」的網路書籤把圖片收集到自己的版上，根據使用者所標示的 pin，提供發現和分享相關當紅內容的服務。這項實驗就是在推薦功能上使用圖卷積網路，運用其分析結果。從 A／B 測試的結果得知，加註 pin 的比例改善了百分之十至三十。

像這樣已經展開實測的圖卷積網路，和目前已顯著發展的影像辨識領域的類神經網路不同，還有幾項要面對的課題。簡單說，光是「圖」就有各式各樣的類型。結構本身不規則，連結的結構是否有方向性、連結的方式是否依時間序列、規模大小等，結構不同且多種多樣。網路或社群網站之類大規模的圖結構，有時負責計算處理的電腦記憶體或處理能力會成為一大瓶頸。事實上，也可能未建立起能夠識別兩個圖結構是否為相同結構的演算法。因此，從研究領域來看，接下來還有很大發展空間。

Google的ＢＥＲＴ在自然語言處理上有重大突破

或許出乎很多人意料，深度學習要運用於自然語言處理領域其實門檻很高，相較於已經實用化的影像辨識領域，還有很大研發空間。個中原因是，自然語言處理需依照「形態分析（morphological analysis）→語法分析（syntactic analysis）→語意分析（semantic analysis）→語境分析（contextual analysis）」的順序來分析，而且每一項分析之間錯綜複雜。

其中Google在二〇一八年十月發表的自然語言處理模型ＢＥＲＴ帶來重大突破，引發討論。這個模型最大的特徵是有高度通用性。

傳統的自然語言處理模型在理解和表現上都受限。但ＢＥＲＴ將大量的文章資料當作學習模型來事先學習，藉此因應文章理解、情感分析等各種任務。這就是最大的特色。可以用關注的單詞上下文的語境來學習。

二〇一九年七月三十一日，中國最大網路搜尋引擎「百度」發表自然語言處理模型新版本「ＥＲＮＩＥ 2.0」，處理中文任務的表現有完全超越 Google 的ＢＥＲＴ之勢。自然語言處理相關研發日益熱絡，相信今後日文方面的發展亦值得期待。

結語

本書即將完稿之際，收到一則最新消息。JFE Engineering 公布收購人工智慧開發商 AnyTech。這是二〇一九年十月三日當天的新聞。AnyTech 在一開始介紹的「深度學習商業運用大獎」中獲得優秀獎，第二章完整介紹了該公司業務，包括水質管理，以及熔化鐵礦，甚至巧克力等所有流體幾乎都用深度學習來分析。這項收購案證明該公司的高度技術能力受肯定。想必接下來重頭戲是以深度學習為核心的收購與重整。

深入採訪深度學習的運用狀況後，發現多數受訪對象都具有深刻的理念，或是想要改變世界，懷抱著期許與目標。Kewpie「全日本規模」的案例自然不在話下，其他如包裝設計公司PLUG也嘗試推動改變產品開發的方向。

NTT DOCOMO希望協助流通業改變結構；Toreta 想到如果外食產業也有類似流通業的JAN編碼，就能分別管理每一類外食的銷售量，並進一步預測外食產業接下來的暢銷商品；NTT DATA Getronics 將深度學習運用於員工餐廳結帳系統，希望藉此讓員工多增加一點樂趣……。由於篇幅的關係，只簡單介紹。

事實上，本書中提到的眾人並非一開始就是深度學習的專家。他們多半原本具備長年培養的技術，在希望改變社會或抱持期許的情況下，「碰巧」接觸到深度學習這門技術，嘗試運用後就像槓桿原理讓原先的技術更加提升。這類成功案例不在少數。

本身具備的技術能力越高，或者越認真看待問題，然後加上鑽研深度學習相關知識，這樣的提升效果更是驚人。有一個很好的指標，就是日本深度學習協會舉辦的「G（通用人才）檢定」。這項測驗測試是否具備將深度學習運用於商業上的知識。先有個基準，相信比較容易繼續進修。

本書的問世當然完全仰賴日本深度學習協會大力協助。若要列名將會是協會全體人員，在此不一一贅述。只想表達內心由衷的感謝。非常謝謝資訊科技作家岩元直久先生、橋本史郎先生、堀純一郎先生對撰稿的協助。

希望本書對於有意將深度學習運用於商務上的眾人有所助益。然而，必備之物可能是——理念。

二〇一九年十月日經xTREND特別編輯委員　杉山俊幸

附錄　專有名詞縮寫對照表

英文縮寫	英文全名	中譯名
A3C	asynchronous advantage actor critic	異步優勢動作評價
BatchNorm	batch normalization	批標準化
BERT	bidirectional encoder representations from transformers	雙向編碼轉換器
Caffe	convolutional architecture for fast feature embedding	快速特徵嵌入的卷積結構
CapsNet	capsule neural network	膠囊神經網絡
CNN	convolutional neural network	卷積神經網路
DBN	deep belief nets	深度信念網路
DCGAN	deep convolutional generative adversarial network	深度卷積生成對抗網路

DDPG	deep deterministic policy gradient	深度確定性策略梯度
DQN	deep Q-network	深度Q網路
ELMO	embeddings from language models	嵌入語言模型
FCN	fully convolutional network	全卷積網路
GAN	generative adversarial network	生成對抗網路
GCN	graph convolutional network	圖卷積網路
GloVe	GlobalVectors	全域向量
GNMT	Google Neural Machine Translation	Google 神經機器翻譯系統
GNN	graph neural network	圖神經網路
GQN	generative query network	生成查詢網路
ILSVRC	ImageNet Large Scale Visual Recognition Challenge	ImageNet 大規模視覺辨識挑戰賽
MEC	multi-access edge computing	多接取邊緣運算

NCM	neural conversational model	神經網路對話模型
NMT	neural machine translation	神經機器翻譯
NST	neural style transfer	神經網路風格轉換
NTM	neural Turing machine	神經圖靈機
R-CNN	region-based convolutional neural network	基於區域卷積神經網路
ResNet	residual network	殘差網路
RFID	radio frequency identification	無線射頻辨識
RNN	recurrent neural network	遞迴神經網路
seq2seq	sequence to sequence	序列到序列
SSD	single shot multibox detector	單次多框偵測器
VAE	variational autoencoder	變分自動編碼器
VGG	Visual Geometry Group	視覺幾何研究群

科普漫遊 FQ2016

向 AI 贏家學習！

日本 26 家頂尖企業最強「深度學習」活用術，人工智慧創新專案致勝的關鍵思維

編　　者　日經xTREND
譯　　者　葉韋利
副總編輯　劉麗真
主　　編　陳逸瑛、顧立平
封面設計　廖韡

發 行 人　凃玉雲
出　　版　臉譜出版
城邦文化事業股份有限公司
台北市中山區民生東路二段141號5樓
電話：886-2-25007696　傳真：886-2-25001952
發　　行　英屬蓋曼群島商家庭傳媒股份有限公司城邦分公司
台北市中山區民生東路二段141號11樓
客服服務專線：886-2-25007718；25007719
24小時傳真專線：886-2-25001990；25001991
服務時間：週一至週五上午09:30-12:00；下午13:30-17:00
劃撥帳號：19863813　戶名：書虫股份有限公司
讀者服務信箱：service@readingclub.com.tw
香港發行所　城邦（香港）出版集團有限公司
香港灣仔駱克道193號東超商業中心1樓
電話：852-25086231　傳真：852-25789337
馬新發行所　城邦（馬新）出版集團 Cité (M) Sdn Bhd
41-3, Jalan Radin Anum, Bandar Baru Sri Petaling, 57000 Kuala Lumpur, Malaysia
電話：603-90563833　傳真：603-90576622
E-mail: services@cite.my

城邦讀書花園
www.cite.com.tw

初版一刷　2021年1月5日
ISBN 978-986-235-894-8
定價：420元

國家圖書館出版品預行編目資料

向AI贏家學習！：日本26家頂尖企業最強「深度學習」活用術，人工智慧創新專案致勝的關鍵思維／日經xTrend編；葉韋利譯. -- 初版. -- 臺北市：臉譜，城邦文化出版：家庭傳媒城邦分公司發行, 2021.01
　面；　公分. --（科普漫遊；FQ2016）

譯自：ディープラーニング活用の教科書 実践編

ISBN 978-986-235-894-8（平裝）

1. 人工智慧　2.產業發展　3.個案研究

312.83　　109020164